校企合作双元开发新形态信息化教材
高等职业教育交通运输类技能型人才培养实用教材

飞机维修部件拆装

（活页式）

主　编　◎　蒋艳红　　李　磊　　王　群
副主编　◎　资张勇　　张雨田　　龙先权

西南交通大学出版社
·成都·

图书在版编目（CIP）数据

飞机维修部件拆装：活页式 / 蒋艳红，李磊，王群主编. -- 成都：西南交通大学出版社，2023.8

校企合作双元开发新形态信息化教材　高等职业教育交通运输类技能型人才培养实用教材

ISBN 978-7-5643-9429-5

Ⅰ. ①飞⋯ Ⅱ. ①蒋⋯ ②李⋯ ③王⋯ Ⅲ. ①飞机构件–维修–高等职业教育–教材 Ⅳ. ①V267

中国国家版本馆 CIP 数据核字（2023）第 146222 号

校企合作双元开发新形态信息化教材
高等职业教育交通运输类技能型人才培养实用教材

Feiji Weixiu Bujian Chaizhuang（Huoye Shi）

飞机维修部件拆装（活页式）

主　编 / 蒋艳红　李　磊　王　群　　　责任编辑 / 李华宇
　　　　　　　　　　　　　　　　　　　　封面设计 / 何东琳设计工作室

西南交通大学出版社出版发行
（四川省成都市金牛区二环路北一段 111 号西南交通大学创新大厦 21 楼　610031）
发行部电话：028-87600564　　028-87600533
网址：http://www.xnjdcbs.com
印刷：四川玖艺呈现印刷有限公司

成品尺寸　185 mm×260 mm
印张　15.25　　字数　344 千
版次　2023 年 8 月第 1 版　　印次　2023 年 8 月第 1 次

书号　ISBN 978-7-5643-9429-5
定价　49.00 元

图书如有印装质量问题　本社负责退换
版权所有　盗版必究　举报电话：028-87600562

前言
PREFACE

党的二十大报告指出，高质量发展是全面建设社会主义现代化国家的首要任务。

从全球范围看，民航业是战略性产业，是促进国家现代化进程的重要动力引擎，也是衡量一个国家国际竞争力和发展质量的重要指标。以中国民航的高质量发展推进中国式现代化实现新跨越，是中国民航的重要使命和政治担当。

民用航空行业是世界上对安全要求最高的行业之一，特别是飞行运行安全关系到整个行业的存续和发展，关系到航空企业的生死存亡，更关系到机上人员、地面人员的生命安全。对安全极致的要求，是整个行业的共识。

飞机维修工作，是直接改变飞机的技术状态的工作，也是能够直接影响飞行安全的工作，需要严格按照工作工艺要求和工作流程要求进行施工。在施工过程中，任何工作质量的缺陷和操作的规范性瑕疵都是不能容忍的。严格遵照现有手册和规章进行工作是必需的，而工作中擅自改变工作方法和流程是不允许的。所以，飞机维修工作的具体目标是不出现错误，而不是创新和提高。

本书正是在这样的工作指导思想下，按照实际工作所使用的"工卡"格式进行编写的。在记录时，完成情况需考虑"合格"或者"不合格"。

本书可结合维护基础、机身构造、系统构造、发动机等科目进行实训使用。学生完成记录可用在求职简历中，列入"实训履历"。

本书由云南交通运输职业学院（云南交通技师学院）蒋艳红、李磊、王群、资张勇、张雨田、龙先权等编写，其中蒋艳红负责教学大纲的制定，李磊负责教材结构的设计，资张勇、龙先权、张雨田负责教材内容的撰写，王群、资张勇负责教材的校对和修改。本书在编写过程中参考了大量国内外飞机维修资料，在此一并向相关作者表示真诚的感谢。

由于编者水平及时间有限，书中难免存在不足之处，敬请各位专家和读者批评指正。

编 者

2023 年 3 月

实训工卡使用办法

本书实训工卡适用于飞机机电设备维修等航空技术相关专业学生实训项目的训练指导。

本书主要练习飞机部件、附件的拆装，通过训练逐步提高学生了解系统、查找资料、找到工作区域、认识部件、形成良好维修作风和熟练掌握拆装技术等方面的能力。任务按照操作难度逐步递增分为"拆装""检查"和"测量"等共计 38 个典型工作项目。教师可按照实际情况选用部分或者全部工作项目进行教学。

学生在教师的指导下按照实训指导书中项目工作单卡逐项完成，并在"工作者签署"栏签署完工标记。其中"必检项目"完成后需要授权人员确认才能进行下一项工作。按照指导教师要求进行工作，关键步骤需要提交指导教师检查。完成项目后，学生在"完工签署页"填入工卡号、内容并签字。指导教师检查完毕后在"教员签字"栏填入姓名。

各实训项目应当在项目完工时完成签署，超过 24 h 不得补签。签署顺序需严格按照操作顺序执行。

完工签署页

本表格由操作员和教员本人签署，不得代签！

工卡号	内容	工作者签署	时间	教员签字

目 录
CONTENTS

模块 1　飞机液压系统部、附件拆装

工作任务 1-1　B737-500 飞机液压油箱加油滤组件拆装 ………………………… 006

模块 2　飞行控制系统部、附件拆装

工作任务 2-1　B737-500 飞机静电敏感设备拆装与防护——SMC NO2 计算机拆装
　　　　　　……………………………………………………………………………… 016

模块 3　飞机起落架系统部、附件拆装

工作任务 3-1　拆装防滞刹车传感器，测量其电路和部件的正常性并拆装燃油滤堵塞
　　　　　　传感器 ……………………………………………………………………… 027
工作任务 3-2　机轮和刹车组件拆装 ……………………………………………… 030
工作任务 3-3　B737-500 飞机主轮和刹车组件拆装 ……………………………… 033
工作任务 3-4　起落架液压泵的拆装 ……………………………………………… 036
工作任务 3-5　飞机主轮和刹车组件拆装 ………………………………………… 039

模块 4　飞机燃油系统部、附件拆装

工作任务 4-1　低压燃油泵的拆装和检查 ………………………………………… 052
工作任务 4-2　调速器的拆装和检查 ……………………………………………… 054

模块 5　飞机滑油系统部、附件拆装

工作任务 5-1　拆装火焰筒和滑油散热器 ………………………………………… 064

工作任务 5-2　飞机滑油油量表传感器拆装与检测 …………………………………… 067

模块 6　飞机气源系统部、附件拆装

工作任务 6-1　B737-500 飞机发动机高压级活门拆装 ………………………………… 077
工作任务 6-2　发动机放气活门的拆装 …………………………………………………… 081

模块 7　典型飞机空调与增压系统的维护

工作任务 7-1　飞机空调面板组件拆装 …………………………………………………… 090
工作任务 7-2　B737-500 飞机空气交换器拆装 ………………………………………… 094

模块 8　典型飞机设备和装饰的拆装与维护

工作任务 8-1　B737-500 飞机客舱座椅作动筒拆装 …………………………………… 104
工作任务 8-2　CESSNA172 飞机座椅拆装 ……………………………………………… 108

模块 9　典型飞机电气系统的拆装与维护

工作任务 9-1　继电器、接线块和跳开关拆装 …………………………………………… 117
工作任务 9-2　反流割断器拆装与测量 …………………………………………………… 121
工作任务 9-3　交流发电机拆装和测量 …………………………………………………… 124

模块 10　典型飞机灯光系统的维护

工作任务 10-1　B737-500 飞机导航灯拆装 …………………………………………… 136
工作任务 10-2　飞机内侧固定着陆灯拆装练习 ………………………………………… 139

模块 11　典型飞机仪表指示系统的维护

工作任务 11-1　TB20 发动机监控仪表拆装 …………………………………………… 154
工作任务 11-2　校验动压系统密封性 …………………………………………………… 158
工作任务 11-3　校验静压系统密封性 …………………………………………………… 161

工作任务 11-4　飞机耗量表传感器的拆装、检查、测量……………………………… 164

模块 12　飞行通信系统部、附件拆装

工作任务 12-1　B737-500 飞机 VHF 天线拆装……………………………………… 175
工作任务 12-2　飞机 VHF 天线和 VHF 收发机拆装………………………………… 180
工作任务 12-3　静电敏感设备拆装与防护——M9 交通管制应答机组件拆装……… 184
工作任务 12-4　雷达天线组件和跳开关拆装………………………………………… 188
工作任务 12-5　VHF 天线拆装和天线搭接电阻测量………………………………… 192
工作任务 12-6　机翼后缘放电刷的检查和测量……………………………………… 195

模块 13　辅助动力装置部、附件拆装

工作任务 13-1　APU 燃调拆装检查…………………………………………………… 205
工作任务 13-2　B737-500 飞机磁电机拆装…………………………………………… 207
工作任务 13-3　APU 滑油滤拆装检查………………………………………………… 209
工作任务 13-4　涡桨 5 发动机热电偶拆装检查与测量……………………………… 211

模块 14　起动和点火系统部、附件拆装

工作任务 14-1　油气分离器拆装……………………………………………………… 221
工作任务 14-2　B737-500 飞机 1 号发动机点火激励器拆装………………………… 224
工作任务 14-3　点火线圈的拆装……………………………………………………… 227

参考文献 ……………………………………………………………………………… 231

模块1 飞机液压系统部、附件拆装

教学目标

【知识目标】

1. 学生能够了解飞机液压系统的工作原理;
2. 学生能够掌握飞机液压系统的组成和部件构成;
3. 学生能够说出进行飞机紧固件拆装的操作要点和注意事项。

【技能目标】

1. 学生能够合理、规范使用工具进行拆装工作;
2. 学生能够规范进行液压系统部、附件拆装。

【素养目标】

1. 学生要具备精益求精、严谨专注、耐心坚持、专业敬业的民航工匠精神;
2. 具备严谨、专业、诚信的维修作风;
3. 学生能够做到"三个敬畏"(敬畏生命、敬畏规章、敬畏职责)、"四个意识"(规章意识、风险意识、举手意识、纪律意识)、"五个到位"(准备到位、施工到位、测试到位、收尾到位、交接到位);
4. 学生能够正确实施"工具三清点",任务实施过程中不出现丢失工具的情况;
5. 学生能按照工卡步骤施工,不出现工作步骤遗漏的情况,具备"九字方针"(看一条、做一条、签一条)意识,诚信记录,按要求签署工卡;
6. 具备安全意识,不做出可能造成航空器/设备损坏、人员受伤的行为。

任务导入

根据纪录片《空中浩劫第三季》第 4 集记录的日本航空 123 号航班空难事件,1985 年 8 月 12 日,一架日本航空的波音 747SR 飞机尾部压力隔板爆炸,破坏了垂直稳定器,并切断了飞机的所有 4 个液压系统。机组人员让飞机飞行了 32 min,直到它撞上高天原山并坠毁。这次事故是由于早前对舱壁的错误修理引起的。

本次空难令航空界开始研究液压控制失效下的应对措施:1989 年苏城空难的机组人员就是基于该次空难后的教训成功将飞机飞回机场,虽然飞机仍因迫降失败而翻覆,但过半数乘员仍得以生还;而 2003 年的 DHL(敦豪)货机遇袭事件,更是民航史上第一宗大型喷射民航机在完全失去液压控制情况下成功降落的事件。

这些事件提醒我们飞机液压系统对飞机安全运行何等重要,我们必须正确掌握液压系统的工作原理和拆装工作程序。

知识准备

一、液压系统组成

现代飞机的液压系统循环过程是由来自油箱的液压油,经增压组件提升压力后供给用户,执行完工作再次返回液压油箱，如此进行重复。各型号飞机液压系统的用户数量和用户类型有所不同，单个增压组件往往很难满足所有用户的使用需求，大部分飞机通过增加泵的数量和种类解决此问题。但用户数量和类型的变化不会改变液压系统的整体组织结构，其基本构型就是油箱—增压—用户。

二、液压系统部件

液压系统的主要部件包括储存部件、增压部件、分配部件、执行部件、辅助部件和控制指示部件。

储存部件为液压油箱，用于存放系统工作所需的液压油；增压部件为液压泵，根据能量来源不同，可以分为发动机驱动泵（Engine Driven Pump，EDP）、电马达驱动泵（Electric Motor Driven Pump，EMDP）和空气驱动泵（Air Driven Pump，ADP）等；分配部件负责液压油流向的控制，主要包括压力组件、液压管路和管路上的控制活门；执行部件使用高压油液作为动力，将液压能转化为机械能，最终驱动飞机的舵面或其他部件，常见的执行部件有液压作动筒和液压马达等；辅助部件主要包括储压器、油滤、密封元件等，此类部件在系统中分布广泛；控制指示部件主要包括方向、压力、流量控制元件，驾驶舱液压系统控制面板以及显示器，用于机组和地面维护人员监控系统的工作。为了增加飞机飞行的安全裕度，通常设有多个液压系统。例如：空客A320飞机有绿、蓝、黄三套液压系统，系统各自独立工作，并且各液压系统之间不会发生液体交换。

三、部件工作原理

1. 控制部件

控制部件用于对液压系统中油液的流动方向、压力和流量进行控制和调节，也称为液压控制阀。

2. 辅助部件

1）油　滤

油液污染是造成液压系统故障的重要原因之一，可以使用油滤过滤油液中的金属微粒和其他杂质，使液压油保持必要的清洁度。用于过滤的滤芯安装在滤杯内，再通过油滤壳体安装到飞机结构上并连接管路，拆下滤杯可以更换滤芯。

2）储压器

大多数现代飞机的液压系统都安装有系统储压器，主要用于维持系统压力，减缓系统压力脉动和协助液压泵共同供油，增大输出功率。

3）密封装置

在液压系统的使用和维护中，最难解决的，也是遇到最多的问题就是漏油。漏油不但影响系统的工作效率，严重时还可能危及飞机安全。所谓密封，就是阻挡油液从两个配合零件表面的间隙中流出。飞机上最常见的密封装置是O形密封圈。

4）散热器

在中低压系统中，一般不配备专用的散热器，油液在油箱和金属管道内就可以完成散热。

而在大功率高压系统中,往往需要专用的散热器对油液进行冷却。飞机上常见的液压油散热器有两种:液冷式和气冷式,分别使用飞机燃油和冲压空气作为冷却介质,对液压油进行冷却。

3. 执行部件

液压系统执行部件将液压能转化为机械能。飞机上常见的执行部件有两类:液压马达和液压作动筒,液压马达与液压泵结构相似,作用相反。

安全管理

典型飞机液压系统常见维护安全注意事项:

(1)警告:在液压系统增压前,确保所有起落架安全销已安装。不安装起落架安全销,起落架可能会意外收上导致人员受伤和设备损坏。

(2)警告:P91和P92跳开关面板通电时,要小心闭合P91和P92面板上的跳开关,否则会触电导致人员受伤。

(3)警告:当液压系统增压时,人员和设备应远离控制舵面和前起落架,否则会导致人员受伤和设备损坏。

(4)告诫:当相应主燃油箱中的燃油量低于760 kg时,液压泵工作不能超过2 min。如果超过2 min,需等待液压油箱温度降至常温,液压泵才能继续工作,否则会导致液压油超温。

任务实施

工作任务 1-1　B737-500 飞机液压油箱加油滤组件拆装

工作编号：SXPA-48	工作名称：B737-500 飞机液压油箱加油滤组件拆装	
实训课时：2	工作日期：	工作地点：

（1）系统了解：

液压油箱加油过滤组件在 ATA100 体系中章节号为＿＿＿＿＿＿＿＿＿＿＿＿＿＿＿＿＿＿。

（2）翻译如下标准施工的描述（节选自波音 737-500AMM 手册）：

1. General

A. Three separate hydraulic systems provide fluid at 3000 psi to operate the airplane systems shown in Figure 1. The hydraulic systems are identified as system A, system B and standby.

B. The standby hydraulic system provides reserve power for critical systems.

C. A ground servicing system fills all hydraulic reservoirs from one location.

D. The indicating systems provide information for crew monitoring of the operating conditions of each hydraulic system.

（3）在飞机维护手册（AMM）中找到关于飞机液压油箱加油滤组件拆装的章节号＿＿＿＿＿。在图解零部件目录（IPC）中找到关于备用液压油箱加油滤组件的件号＿＿＿＿＿＿＿＿。

（4）工作前准备：

准备项目	准备工作	完成签署	检查签署
工具和设备	手电（按需）、接油盘、力矩扳手、管路堵盖、通用工具箱		
劳保用品	护目镜、手套、液压油（LD-4）、抹布、油滤包、保险丝		
注意事项	1. 戴好护目镜和手套，小心液压油。 2. 确保单向活门上的箭头与滤芯顶部的箭头一致，如果安装错误，将导致系统不能正常工作		
授权	获得指导教师工作授权（必检）		*

（5）操作：

操作流程	工作者签署	检查签署
1 拆卸液压油箱加油滤滤芯		
1.1 设置油箱加油选组活门至"CLOSE"位		
1.2 从油滤组件上拆除滤杯		
1.3 使用接油盘收纳溢出的液压油 （注意：滤芯和滤杯一起拆下）		
1.4 从滤杯中拆除滤芯		
1.5 清洁滤杯		
1.6 按需清洁溢出液压油（参考 12-40-00/201）		
2 拆卸液压油箱加油滤安装座		
2.1 脱开油滤安装座入口和出口液压连接管路		
2.2 封堵液压油管，防止外来物进入		
2.3 拆下油滤安装座螺栓		
2.4 拆下油滤安装座		
3 检查、清洁油滤安装座和滤芯		
3.1 清洁滤杯、油滤安装座		
3.2 检查滤杯、油滤安装座无裂纹、腐蚀、划伤等缺陷		
4 安装液压油箱加油滤安装座		
4.1 使用系统液压油润滑 O 形密封圈和接头		
4.2 安装 O 形封圈和接头至油滤安装座		
4.3 将油滤组件放置安装位置		
4.4 安装油滤安装座螺栓		
4.5 连接油滤安装座出口和入口管路		
5 安装滤芯		
5.1 使用系统液压源润滑 O 形密封圈、滤杯螺纹		
5.2 在滤芯顶部的槽内安装备用环和 O 形环		
5.3 把滤芯放滤杯里		
5.4 将滤杯和滤芯置于油滤安装座的下方，通过滤杯将滤芯压入油滤安装座出口端		
5.5 拧紧滤杯并磅力矩至 50~75 磅/英寸		
5.6 给滤杯安装保险丝		
6 渗漏检查		
6.1 执行液压油箱加油勤务（参考 12-12-00/301）		
6.2 检查油滤安装座和管路接头渗漏情况		

（6）完工状态：

工作结束后的检查和场地恢复	工作签署	检查签署
1. 检查各个指定位置保险装置安装的状态，避免出现错装、漏装的现象		
2. 清点、检查工具的状态和数量，并将工具归还至指定位置		
3. 清点、检查剩余的耗材，并将其归还至指定位置		
4. 检查、清理工作场地，确保工作场地中没有遗留任何多余物		
5. 获得指导教师完工签署		*

课后提升

液压系统 A 和 B 都有一个发动机驱动泵 EDP 和一个交流电马达驱动泵 EMDP。它们都是柱塞式液压泵，只是驱动动力和流量不同，而输出压力均为 2 800~3 200 psi。A 系统 EDP 由 1 号发动机驱动，EMDP 由 2 号转换汇流条供电；而 B 系统 EDP 由 2 号发动机驱动，EMDP 由 1 号转换汇流条供电。发动机驱动液压泵的液压油流量约为电马达驱动液压泵的 6 倍。飞机在空中时，它们都处在工作状态。如果 EDP 或 EMDP 供压压力小于 1 300 psi，则点亮相应的低压灯。

在空中，当发动机驱动液压泵故障或系统需求量过大或液压油箱气增压失效时，会使得剩下的电马达驱动液压泵低压（LOW PRESSURE）指示灯间歇亮。飞行操纵低压（LOW PRESSURE）灯，主警戒灯和飞行操纵（FLT CONT）灯与液压（HYD）系统警告牌灯也会间歇亮。如超过 10 s，则需按 FIM29-10TASK813 排除故障。

如果液压系统油箱增压不适当，飞行高度较高时会出现泡沫。液压泵压力波动和相应的低压（LOW PRESSURE）指示灯闪烁时说明有泡沫存在。主警戒灯（MASTER CAUTION）和液压（HYD）信号牌灯也可能间歇闪亮。

在起降过程中，襟翼小于 15 但未收上或襟翼没收起（新构形）。如果 B 系统的发动机驱动泵压力低于极限值 2 350 psi，动力转换组件（PTU）使用 A 系统的压力驱动一个液压马达，驱动泵提供额外的液压油去按正常速度操作自动缝翼、前缘襟翼和缝翼。

当飞机起飞后 1 号发动机停车，A 系统的发动机驱动泵流量失去时，如果起落架手柄在收起（UP）位置，任意一个主起落架不在收上并锁定位置，起落架转换组件将转换为 B 系统供压来收起落架。

模块 2　飞行控制系统部、附件拆装

模块 2　飞行控制系统部、附件拆装

教学目标

【知识目标】

1. 学生能够了解飞机飞行控制系统的工作原理；
2. 学生能够说出进行飞行控制系统部、附件拆装的操作要点和注意事项。

【技能目标】

1. 学生能够合理规范使用工具进行拆装工作；
2. 学生能够规范进行飞行控制系统部、附件拆装流程。

【素养目标】

1. 学生要具备精益求精、严谨专注、耐心坚持、专业敬业的民航工匠精神；
2. 具备严谨、专业、诚信的维修作风；
3. 学生能够做到"三个敬畏"（敬畏生命、敬畏规章、敬畏职责）、"四个意识"（规章意识、风险意识、举手意识、纪律意识）、"五个到位"（准备到位、施工到位、测试到位、收尾到位、交接到位）；
4. 学生能够正确实施"工具三清点"，任务实施过程中不出现丢失工具的情况；
5. 学生能按照工卡步骤施工，不出现工作步骤遗漏的情况，具备"九字方针"（看一条、做一条、签一条）意识，诚信记录，按要求签署工卡；
6. 具备安全意识，不做出可能造成航空器/设备损坏、人员受伤的行为。

任务导入

根据纪录片《空中浩劫第四季》第 5 集的记录，1994 年 9 月 8 日，编号为 N513AU 的全美航空波音 737-3B7 客机，正准备在匹兹堡国际机场的 28R 跑道着陆。当时天气明朗，但飞机在高度 1 830 m，距离跑道 10 km 处突然向左转，随即失控俯冲。机组人员对于突如其来的失控顿时手足无措，尽管他们已尽最大努力挽救，最后仍只能眼睁睁看着飞机以近乎垂直的姿态，猛烈坠毁在比佛县的一处森林中。空难发生后，调查人员发现出事班机的坠毁方式，与 3 年前发生的联合航空 585 号班机非常相似：两机都是降落前突然失控；失控方式都是方向舵突然失控偏向并像是被卡住，只是方向不同（585 号班机是向右，427 号班机则是向左），另一个不同之处为 427 号班机坠毁时天气明朗，并没有气流。

从此次事件可以看出飞机的飞行控制系统对于飞行安全的必要性，我们必须掌握飞机飞行控制系统的原理和部、附件拆装方法。

知识准备

一、飞行控制系统概述

飞行控制系统用于保证飞机飞行的稳定性和操纵性，提高飞机飞行性能，增强飞行的安

全性，并减轻飞行员的工作负担。为了改变飞机在空中的姿态和轨迹，就需要改变作用在飞机上的力以及力矩的大小、方向和空间分布。当预定的航迹发生变化，或者飞机受到气流的干扰偏离了原来的航迹时，就需要通过控制飞机舵面进行偏转，以改变飞机的飞行姿态。

二、飞行控制系统

飞行控制系统分为主飞行控制系统和辅助飞行控制系统。主飞行控制系统包括副翼、升降舵和方向舵等部件。

1. 副翼

两个副翼和两套飞行扰流板用于横滚控制。当一侧机翼的副翼向上偏转时，另一侧机翼的副翼向下偏转，称为差动副翼。

对于副翼向上偏转的机翼，其飞行扰流板将升起；对于副翼向下偏转的机翼，其飞行扰流板保持在收回位置。向上偏转的副翼和升起的飞行扰流板使相应机翼的升力减少；而另一侧向下偏转的副翼使机翼升力增加，从而实现横滚控制。

在有些飞机上，每个机翼安装有内侧和外侧两块副翼。在低速飞行时，使用内侧副翼和外侧副翼进行横滚控制，而在高速飞行时只需要使用内侧副翼，外侧副翼则保持中立。

2. 升降舵

升降舵用于飞机俯仰操纵。

飞机安装有左、右两个升降舵，并且两个升降舵同时向上或向下偏转。升降舵向上偏转使飞机抬头，升降舵向下偏转使飞机低头。

3. 方向舵

方向舵用于飞机偏航操纵。飞机安装一个方向舵，方向舵向左偏转使机头向左偏转，方向舵向右偏转使机头向右偏转。

安全管理

飞机维修实训时须注意以下安全管理事项：

（1）遵守工作规程和操作规范。在开始工作前，要认真阅读和理解工作规程以及操作规范，并在操作期间严格遵守。

（2）确认设备和工具完好无损。在开始维修工作之前，应检查工具和设备是否完好无损，并确保所有设备和工具的使用是安全的。

（3）确保现场安全。在工作过程中要保证现场的安全，如要确保维修区域没有易燃易爆物品和其他危险物品，维修区域应清洁整齐，至少应有2个人在现场进行密切监视。

（4）确认人员资质和权利。参与维修工作的人员应有相关技能的资质，并且在进行工作前应进行适当的培训，并配备必备证件和授权书。

（5）符合安全操作要求。在操作过程中，应注意安全操作要求，如应顺时针旋转螺丝，不应用力过猛，应正确使用工具等。

（6）记录工作细节。在维修过程中要记录维修的细节，如操作步骤，使用的工具和设备，维护的时间和日期等。如果有问题或异常情况发生,应及时记录并通知上级。

(7)严格遵守相关法律法规。在进行飞机维修实训时,要严格遵守相关的法律法规,确保维修过程中不违反安全、环境和劳动法规。

(8)遵守标准化操作程序。在进行飞机维修实训时,应该制定标准化操作程序,保证飞机维修过程符合安全标准,确保所有动作正确、顺序合理,遵循标准程序操作,所有操作流程应简单易懂,并包含关键步骤,由专业人员进行审核并确认后再实施。

(9)确保维修区域的良好通风。飞机维修过程中会产生许多有害气体和粉尘,因此要确保维修区域的良好通风,同时确保员工穿戴防护装备。

(10)保持维修设备的良好状态。修理、保养和测试设备必须维护得足够好,以确保其符合最高的准确性、可靠性和安全性要求,所有设备必须在使用前进行检查,并定期进行维修保养,所有故障设备应尽早报修。

(11)提高人员安全意识。员工必须时刻保持专业警惕、谨慎,服从规定和程序,提高安全意识,互相监督,并在工作中通过自我约束、相互约束来减少事故发生的可能性。

以上安全管理注意事项可以帮助学生提高飞机维修实训的安全性,并减少事故的发生。

工作任务 2-1　B737-500 飞机静电敏感设备拆装与防护
——SMC NO2 计算机拆装

工作编号：SXTA-06	工作名称：B737-500 飞机静电敏感设备拆装与防护——SMC NO2 计算机拆装		
实训课时：2 课时	工作日期：		实习工位：飞机施工工位

（1）系统了解：

SMC 系统在 TAT100 体系中章节号为_____。

（2）翻译如下 SMC 控制系统的描述（节选自波音 737-500AMM 手册）：

Two independent stall warning systems alert the pilots of an approaching stall condition. The warning is accomplished by vibrating the pilots' control columns. This warning is also used if airspeed falls too low. Each stall warning system and includes an angle of airflow sensor, a flap position transmitter, a stall management computer, a self-test switch, and a control column shaker.

The angle of airflow sensor senses the airplane angle of attack and the flap position transmitter senses the position of the trailing edge flaps. The stall management computer receives these signals and signals from other flight systems. At predetermined combinations of flap position and airplane angle of attack, the computer outputs a stall warning signal to activate the control column shaker. The point at which the stall warning signal occurs is also influenced by engine speed, airspeed, and flap asymmetry.

The airplane configuration changes the AOA angle at which the stall management system signals a stall condition. The airplane configuration is read by the stall management system from the program data bits which are on the Stall Management Computer. The program input bits can be displayed through the SMC BITE. A comparison of the program data bits takes place every second between SMC's. When the SMC's disagree, a configuration message will appear on either or both SMC's.

（3）在 AMM 手册中找到关于拆装 SMC 计算机的章节号_____。
在 IPC 手册中找到关于 SMC 计算机的章节号_____。
（4）工作前准备：

准备项目	准备工作	完成签署	检查签署
工具和设备	防静电手腕带（件号：BK486）、防静电工作台架、腕带测试仪（件号：BK498）、万用表（可选）、跳开关夹		
劳保用品	ESDS 警告标识、ESDS 包装袋、ESDS 防尘盖、警告牌、手套		
注意事项	1. 现代飞机上的电子设备应用了大量集成电路，如各种计算机的运算电路、数据处理电路和储存电路，接收机中的放大电路、信号处理电路和各种控制电路等。这些电路大多是由半导体器件构成的，半导体器件有很多优点，但也很脆弱，稍有不慎有可能遭到静电效应而使机件或设备受到破坏。 2. 在对电子系统进行维护的过程中，会经常遇到电子仪表或电子设备损坏而需要进行更换的情况，如果静电防护措施不当，则会使新装的仪表或设备被静电损坏；在对油箱进行维护的过程中，会经常遇到机务人员进入油箱进行检查或维修的情况，如果不注意静电的防护，则会造成爆炸等严重事故		
授权	获得指导教师工作授权（必检）		*

（5）操作：

操作流程	工作者签署	检查签署
1 准备工作		
1.1 检查、清点工具，确保工具设备处于可用状态		
1.2 确保飞机整机断电		
1.3 确保飞机正确接地		
1.4 拔出所拆计算机组件的相应跳开关，并安装跳开关夹，挂警告牌		
1.5 检查清理操作场地，确保无多余灰尘、油污		
2 测试防静电手腕带		
2.1 使用腕带测试仪进行测试 使用腕带测试仪进行测试，选择一个腕带测试仪，将防静电手腕带戴上手腕，打开腕带测试仪电源开关，将防静电手腕带终端插头插入测试仪插座，用手按下按压测试金属板，查看设备正面面板指示灯，如果防静电手腕带测试通过，则 OK 绿灯点亮；如果防静电手腕带测试失败，则 NO OK 红灯点亮，所测试的腕带失效报废。		
2.2 使用万用表进行测试 A. 将万用表调至欧姆挡位，调整万用表的欧姆挡位至合适的电阻范围，如果是数字万用表选择自动量程，如果是指针模拟表选择 10 kΩ 挡位； B. 将防静电手腕带的插头终端与万用表的黑表笔相连，用万用表的红表笔接触手腕带的金属扣一端，测得的电阻范围是 250 kΩ～1.5 MΩ； C. 将金属扣扣在防静电手腕带上，套上防静电手腕带并用食指和拇指捏住万用表的红表笔，测得的电阻小于 10 MΩ，可以认为防静电手腕带合格		
3 拆下位于 E2-1 电子架的 SMC NO2（STALL MANNAGEMENT CMPTR NO2）计算机组件		
3.1 正确佩戴防静电手腕带，并连接在机体结构接地点		
3.2 不同形式安装锁钩，采取适当的方式脱开锁钩		
3.3 小心地从安装架上取下 SMC NO2 计算机组件		
提示 1：E/E 盒的正面可以从右向左移动（约 1/8 英寸）。这将有助于断开 E/E 盒与电气连接		
3.4 在 SMC NO2 收发机组件电气插头和电子架电气连接器上安装 ESDS 防尘堵盖		
警告 1：确保不要接触插头或连接器里的插钉/插孔，静电放电可能导致内部电路板或电子元器件损伤！		
3.5 小心地将 SMC NO2 组件放在防静电工作台架上，并挂标签		

续表

操作流程	工作者签署	检查签署
3.6 视情使用软毛刷清洁 SMC NO2 组件表面的灰尘等污染物		
4 安装 SMC NO2（STALL MANNAGEMENT CMPTR NO2）计算机组件		
4.1 正确佩戴防静电手腕带，并连接在机体结构接地点		
4.2 取出 SMC NO2 组件，确保 ESDS 包装袋完好、无破损，检查挂签		
4.3 拆除 ESDS 包装袋，取下 ESDS 防尘堵盖，放置指定位置		
4.4 检查 SMC NO2 组件电气插头和安装架电气连接器无损伤、污染，插钉无弯曲断裂		
警告 2：确保不要接触插头或连接器里的插钉/插孔，静电放电可能导致内部电路板或电子元器件损伤！		
4.5 小心地将 SMC NO2 组件放在安装架上，小心移动安装架中的 E/E 盒，并连接电气插头		

参考图：

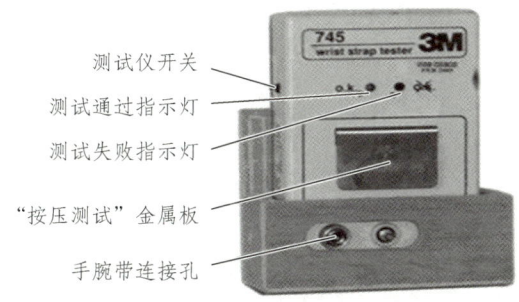

图 2-1　防静电手腕带测试仪

（6）完工状态：

工作结束后的检查和场地恢复	工作签署	检查签署
1. 检查确认 SMC NO2 组件安装紧固到位，无松动		
2. 清理工作区域，并将工作区域恢复到正常状态		
3. 清点静电腕带、腕带测试仪、万用表、跳开关夹、警告牌等物品的数量，并归还至规定位置		
4. 整理 ESDS 警告标识、ESDS 包装袋、ESDS 防尘盖，并归还至指定位置		
5. 获得指导教师完工签署		*

课后提升

主飞行操纵系统使用机械连接到液压动力控制组件的常规驾驶盘、操纵杆及脚蹬，通过液压动力控制组件来控制主操纵面，即副翼、升降舵和方向舵。冗余液压系统，即液压系统 A 和液压系统 B，向飞行操纵面提供液压动力。任何一套液压系统都能操纵所有的主飞行操纵面。副翼和升降舵可按需人工操作。如果系统 A 和系统 B 压力不可用，则可由备用液压系统操纵方向舵。

次要飞行操纵系统，其增升装置包括后缘（TE）襟翼及前缘（LE）襟翼和缝翼（前缘装置），由液压系统 B 提供液压动力。在一定条件下，动力转换组件（PTU）自动向前缘装置提供动力，也可由备用液压放出。

飞行员操纵以下部件：
- 两个操纵杆
- 两个驾驶盘
- 两对方向舵脚蹬
- 减速板（SPEEDBRAKE）手柄
- 襟翼（FLAP）手柄
- 安定面（STABTRIM）配平切断电门
- 定定面（STABTRIM）配平超控电门
- 安定面（STABTRIM）配平电门
- 安定面（STABTRIM）配平轮
- 副翼（AILERON）配平电门
- 方向舵（RUDDER）配平控制
- 偏航阻尼器（YAWDAMPER）电门
- 备用襟翼位置电门
- 飞行操纵（FLTCONTROL）电门
- 飞行扰流板（SPOILER）电门

两个操纵杆和两个驾驶盘通过转换机械装置相连接，此装置使飞行员可旁通其中一个卡阻的操纵系统或操纵面。两对方向舵脚蹬间有刚性连接。

模块 3　飞机起落架系统部、附件拆装

模块 3　飞机起落架系统部、附件拆装

教学目标

【知识目标】

1. 学生能够了解飞机起落架系统的工作原理；
2. 学生能够说出进行飞机起落架部、附件拆装的操作要点和注意事项。

【技能目标】

1. 学生能够合理规范使用工具进行拆装工作；
2. 学生能够规范进行飞机起落架部、附件拆装流程。

【素养目标】

1. 学生要具备精益求精、严谨专注、耐心坚持、专业敬业的民航工匠精神；
2. 具备严谨、专业、诚信的维修作风；
3. 学生能够做到"三个敬畏"（敬畏生命、敬畏规章、敬畏职责）、"四个意识"（规章意识、风险意识、举手意识、纪律意识）、"五个到位"（准备到位、施工到位、测试到位、收尾到位、交接到位）；
4. 学生能够正确实施"工具三清点"，任务实施过程中不出现丢失工具的情况；
5. 学生能按照工卡步骤施工，不出现工作步骤遗漏的情况，具备"九字方针"（看一条、做一条、签一条）意识，诚信记录，按要求签署工卡；
6. 具备安全意识，不做出可能造成航空器/设备损坏、人员受伤的行为。

任务导入

根据纪录片《空中浩劫第十一季》第 9 集的记录，1991 年 7 月 11 日，载有 247 名乘客和 14 名机组人员的尼日利亚航空公司 2120 航班从阿卜杜勒阿齐兹国王机场起飞。两个充气不足的轮胎在起飞时爆裂，导致起落架起火。机组人员没有意识到火灾，起飞后收回起落架，导致火灾蔓延。遇到问题后，机组人员试图将飞机飞回机场，但飞机在离跑道 3 km 的地方解体。在飞机起飞前的滑行过程中，由于二号轮胎气压过低，无法有效承担负载，部分负载转移到了同轮轴上的一号轮胎上，造成一号轮胎严重曲折、过热以及结构弱化。一号轮胎发生故障后，二号轮胎几乎立即也发生了故障。

由此事件可以看出，飞机起落架系统对飞行起飞和降落阶段的重要性，因此我们务必要掌握飞机起落架系统部、附件的拆装工作流程。

知识准备

一、起落架的作用和组成

1. 起落架的作用

飞机的起落架主要是在地面起到支撑飞机的作用。此外，起落架还有很多重要的功能。

起落架上安装有减振装置和转弯装置。减振装置可以在飞机起飞、降落、滑行或被牵引拖行时抑制振动，减小飞机的受力。转弯装置方便驾驶员在地面控制飞机的移动。另外，主起落架还安装有刹车装置，用于在地面完成飞机制动以及使飞机具有更好的转弯机动性。

飞机的大部分重量都集中在主起落架上，主轮承受的重量称为主轮载荷。过高的主轮载荷会导致飞机在很多机场无法运行。通常每个主起落架装有 2 个或 2 个以上的机轮，用来分散重型飞机的主轮载荷，从而使重型飞机可以在更多的机场运行。单轮起落架通常用于小型或轻型飞机，多轮起落架一般用于较重的飞机。多轮起落架可以将负载分散到更大的区域。另外，如果一个机轮发生故障，其他机轮还可以提供支撑。例如，波音 B747、B777 或空客 A380 等大型飞机上使用四轮甚至六轮起落架。

2. 主起落架

主起落架对飞机后部起支撑作用。大型飞机的主起落架都能够收进机身，给飞机提供更好的气动外形。绝大多数的飞机采用液压驱动的方式将起落架收到机身中。空客 A320 有两个主起落架，每个主起落架有两个机轮，并且主起落架可以收入机身。

3. 前起落架

大型飞机的前起落架通常有两个机轮。前起落架有转弯功能，但没有刹车装置。前起落架相比主起落架承担的载荷较小，重量也比较轻，其支撑结构的设计不支持初始着陆载荷，如果飞机着陆时前起落架先落在跑道上，会对飞机结构造成损坏。大型飞机的前起落架均可向前收进机身，前起落架收回后起落架舱门关闭。

4. 起落架舱门

对于绝大部分飞机，当起落架处于完全收上或者完全放下状态时，起落架舱门也随之关闭，这样可以降低飞行时的阻力，减少燃油消耗。起落架舱门分为前起落架舱门和主起落架舱门。

二、机轮拆装

任何轮胎和机轮组件的拆卸应按照飞机制造商的程序说明完成。安全程序旨在保护维护人员，并且使飞机部件处于可用状态。遵守所有安全程序，可防止人身伤害和飞机零部件损坏。

飞机轮胎和机轮组件，尤其是已损坏或过热的高压组件，应视为易爆物。当轮胎温度仍高于环境温度时，切勿接近此类轮胎。冷却后，以朝向轮胎肩部的倾斜角度接近损坏的轮胎和机轮组件。从飞机上拆卸不可用或损坏的轮胎前，必须先放气。站在远离阀芯弹射路径的一侧，使用气芯/放气工具给轮胎放气。如果气芯脱落，由于内部轮胎压力推动可导致严重的人身伤害。

为其他部件进行维护时，可在未放气的情况下拆卸处于适航状态的轮胎和机轮组件。例如，更换完刹车组件前，拆下可用状态的机轮。在安装机轮时，轮轴螺母不要拧得过紧。否则刹车过程中轮毂温度升高会沿轮轴方向膨胀，压紧轴承，使轴承的摩擦力大大增加、发热量增大，进而导致轴承产生的阻滚力矩也急剧增大。严重时，还可能使轴承、轮轴等零件熔焊在一起。

三、典型飞机液压系统常见维护安全注意事项

（1）警告：确保所有起落架都已安装起落架安全销，起落架意外收上会导致人员受伤和设备损坏。

（2）警告：不要让皮肤接触高压气体。

（3）警告：减振支柱完全放气前，不要拆下放气活门本体，否则气压会将活门本体吹出并导致人员受伤。

（4）警告：不要将轮胎过度充气。如果将轮胎充气过度，将导致机轮故障。这将导致人员受伤和设备损坏。

（5）警告：确保人员和设备远离飞控舵面、反推装置和起落架，在液压系统增压时，这些部件可能意外动作，这会导致人员受伤和设备损坏。

（6）警告：只能为轮胎充入氮气。如果轮胎被充入空气，轮胎内的空气在过热时就会变为含有氧气的爆炸性混合物。轮胎爆炸会导致人员受伤和设备损坏。

（7）告诫：只能使用指定牌号的油液灌充起落架减振支柱，如果使用错误的油液，将会导致密封圈损坏。

（8）告诫：如果油液滴落在轮胎上要马上清除干净，否则油液会导致轮胎性能下降。

安全管理

飞机维修实训时须注意以下安全管理事项：

（1）遵守工作规程和操作规范。在开始工作前，要认真阅读和理解工作规程以及操作规范，并在操作期间严格遵守。

（2）确认设备和工具完好无损。在开始维修工作之前，应检查工具和设备是否完好无损，并确保所有设备和工具的使用是安全的。

（3）确保现场安全。在工作过程中要保证现场的安全，如要确保维修区域没有易燃易爆物品和其他危险物品，维修区域应清洁整齐，至少应有2个人在现场进行密切监视。

（4）确认人员资质和权利。参与维修工作的人员应有相关技能的资质，并且在进行工作前应进行适当的培训，并配备必备证件和授权书。

（5）符合安全操作要求。在操作过程中，应注意安全操作要求，如应顺时针旋转螺丝，不应用力过猛，应正确使用工具等。

（6）记录工作细节。在维修过程中要记录维修的细节，如操作步骤，使用的工具和设备，维护的时间和日期等。如果有问题或异常情况发生，应及时记录并通知上级。

（7）严格遵守相关法律法规。在进行飞机维修实训时，要严格遵守相关的法律法规，确保维修过程中不违反安全、环境和劳动法规。

（8）遵守标准化操作程序。在进行飞机维修实训时，应该制定标准化操作程序，保证飞机维修过程符合安全标准，确保所有动作正确、顺序合理，遵循标准程序操作，所有操作流程应简单易懂，并包含关键步骤，由专业人员进行审核并确认后再实施。

（9）确保维修区域的良好通风。飞机维修过程中会产生许多有害气体和粉尘，因此要确保维修区域的良好通风，同时确保员工穿戴防护装备。

（10）保持维修设备的良好状态。修理、保养和测试设备必须维护得足够好，以确保其符合最高的准确性、可靠性和安全性要求，所有设备必须在使用前进行检查，并定期进行维修保养，所有故障设备应尽早报修。

（11）提高人员安全意识。员工必须时刻保持专业警惕、谨慎，服从规定和程序，提高安全意识，互相监督，并在工作中通过自我约束、相互约束来减少事故发生的可能性。

以上安全管理注意事项可以帮助学生提高飞机维修实训的安全性，并减少事故的发生。

工作任务 3-1 拆装防滞刹车传感器，测量其电路和部件的正常性并拆装燃油滤堵塞传感器

工作编号：MEP-R/I-15	工作名称：拆装防滞刹车传感器，测量其电路和部件的正常性并拆装燃油滤堵塞传感器	
实训课时：2	工作日期：	工作地点：

（1）系统了解：

飞机刹车防滑系统在 TAT100 体系中章节号为＿＿＿＿＿＿＿＿＿＿＿＿＿＿＿＿＿＿＿＿＿＿。

（2）翻译如下刹车防滑系统的描述（节选自波音 737-500AMM 手册）：

The antiskid system is an electro-hydraulic subsystem placed in the hydraulic brake system to prevent manual or automatic braking action that causes skidding. Under any runway condition or selected brake pressure, the antiskid system will monitor wheel deceleration rates and maintain maximum wheel adhesion. The antiskid system is programmed to provide touchdown and locked wheel protection from air-ground and wheel speed sensings. A landing gear lever operated switch provides a disable function for landing gear retraction braking. An ON-OFF switch gives the crew control of the antiskid system and a annunciator light gives notice of defective systems. A built-in-test capability provides continuous self test and fault indication. Further manual testing is provided to detect component faults. The autobrake system shares air-ground and wheel speed sensings with the antiskid system and requires a fault free antiskid system to operate.

（3）在 AMM 手册中找到关于拆装防滞刹车传感器的章节号＿＿＿＿＿＿＿＿＿＿＿＿＿＿。

在 IPC 手册中找到关于防滞刹车传感器拆装的章节号＿＿＿＿＿＿＿＿＿＿＿＿＿＿＿＿。

（4）工作前准备：

准备项目	准备工作	完成签署	检查签署
工具和设备	常用拆装工具箱、三用表等		
劳保用品	手套、垫片、封圈、保险丝等		
授权	获得指导教师工作授权（必检）		*

（5）操作：

施工步骤	工作者签署	检查签署
1　拆卸防滞刹车传感器		
1.1　拧松并取下轮子刹车盘上防滞刹车传感器固定螺栓		
1.2　取下1个防滞刹车传感器		
1.3　检查衔接齿轮的状况是否良好，外表是否完好		
1.4　除掉减振支柱上接线盒盖保险丝，拧开其保护盖		
1.5　拧下内接线柱上防滞刹车传感器导线紧固螺帽，脱开2根导线		
2　测量防滞刹车传感器电路和部件的正常性		
2.1　将万用表选R×1挡，测量相对应的防滞刹车传感器的两根导线		
2.2　连接好一组后，正反向摆轮式旋转防滞刹车传感器衔接齿轮。观察万用表指针是否有指示（有指示即正常）		
3　在防滞刹车传感器齿轮上涂润滑脂		
4　安装防滞刹车传感器		
4.1　将防滞刹车传感器按照原位装入刹车盘上，拧上紧固螺栓并拧紧，打好保险		
4.2　把减振支柱接线盒2根导线按照原位连接好		
4.3　装上保护盖，打好保险		
5　在发动机上拆卸燃油滤堵塞传感器		
5.1　拆下电缆插头并进行封堵		
5.2　拆下两根管路的保险		
5.3　使用两把扳手拧松两根管路的接头并封堵保护		
5.4　拧松传感器固定螺帽，取下传感器		
6　检查传感器		
6.1　目视检查传感器外观情况（口述）		
6.2　测量传感器两个插钉是否短路		
7　安装传感器		
7.1　安装传感器，拧紧固定螺帽，打上保险		

续表

施工步骤	工作者签署	检查签署
7.2　安装两个燃油管接头，使用两个扳手拧紧，打上保险		
7.3　安装电缆插头		
8　目视检查工作完成情况（口述）		

（6）完工状态：

工作结束后的检查和场地恢复	工作签署	检查签署
1. 检查各个指定位置保险装置安装的状态，避免出现错装、漏装的现象		
2. 清点、检查工具的状态和数量，并将工具归还至指定位置		
3. 清点、检查剩余的耗材，并将其归还至指定位置		
4. 检查、清理工作场地，确保工作场地中没有遗留任何多余物		
5. 获得指导教师完工签署		*

工作任务 3-2　机轮和刹车组件拆装

工作编号：MEP-R/I-15	工作名称：机轮和刹车组件拆装	
实训课时：2	工作日期：	工作地点：

（1）系统了解：

机轮在 TAT100 体系中章节号为＿＿＿＿＿＿＿＿＿＿＿＿＿＿＿＿＿＿＿＿＿＿＿＿＿。

（2）翻译如下机轮的描述（节选自波音 737-500AMM 手册）：

Each gear (nose and main) has two tire and wheel assemblies designed to withstand high rolling speeds. All wheels have provisions for attaching balance weights for dynamic balance. After takeoff, spinning of main gear wheels and nose gear wheels is stopped by main gear brakes and nose wheel snubbers respectively.

B. Each outboard main gear wheel and tire is covered with a fairing attached to the outboard main wheel hubcap. Each inboard wheel is provided with a small hubcap. The wheel and tire assemblies are designated Nos. 1, 2, 3 and 4, counting from the left looking forward.

（3）在 AMM 手册中找到关于机轮和刹车组件拆装的章节号＿＿＿＿＿＿＿＿＿＿＿＿＿。

在 IPC 手册中找到关于机轮和刹车组件的章节号＿＿＿＿＿＿＿＿＿＿＿＿＿＿＿＿＿。

（4）工作前准备：

准备项目	准备工作	完成签署	检查签署
工具和设备	机轮拆装工具箱、机轮千斤顶、气压表、力矩扳手、换轮特殊工具		
劳保用品	手套、油脂油膏、密封圈、保险丝		
注意事项	防止内外轴承掉在地上		
授权	获得指导教师工作授权（必检）		*

（5）操作：

操作流程	工作者签署	检查签署
1. 拆卸轮胎		
（1）顶升飞机使飞机机轮脱离地面（按顶升飞机的规定进行）		

续表

操作流程	工作者签署	检查签署
（2）拆下轮轴螺帽保险，并拆下轮轴螺帽		
（3）取下垫圈和挡油环		
（4）与协助人员配合取下机轮，同时取下内外轴承、挡油环		
（5）清洗轴承并测量其内径尺寸，清洗轮轴并测量轴承部位的轮轴外径；轴承内径尺寸：$D=$_____；轮轴外径尺寸：$D=$_____		
（6）拆下 2 个刹车管路和防滞刹车传感器		*
（7）与协助人员配合，取下刹车毂		
（8）检查刹车毂有无异常		
（9）检查轮轴情况		*
（10）与协助人员配合，装回刹车毂		
（11）装回 2 个刹车管路		
2. 安装机轮		
（1）装回内轴承挡油环和内轴承		
（2）与协助人员配合，装回机轮		
（3）装回外轴承、挡油环、垫圈（按顺序装配）		
（4）装回轮轴螺帽并用普通扳手紧固，安装防滞刹车传感器		
（5）设定力矩扳手力矩为 110 N·m 后加力紧固轮轴螺帽		*
（6）用普通扳手反向拧松半圈		*
（7）重新设定力矩扳手力矩为 80 N·m 后加力紧固轮轴螺帽		
（8）就近调整轮轴螺帽，使轮轴螺帽上的保险孔与轮轴上的保险孔对齐，安装保险螺栓		
（9）进行必要的检查并按顶升飞机的规则移出千斤顶		
（10）测量轮胎气压，测得轮胎气压：_____		

参考图：

图 3-1 轴承

图 3-2 轮轴

(6)完工状态:

工作结束后的检查和场地恢复	工作签署	检查签署
1. 检查各个指定位置保险装置安装的状态,避免出现错装、漏装的现象		
2. 清点、检查工具的状态和数量,并将工具归还至指定位置		
3. 清点、检查剩余的耗材,并将其归还至指定位置		
4. 检查、清理工作场地,确保工作场地中没有遗留任何多余物		
5. 获得指导教师完工签署		*

工作任务 3-3　B737-500 飞机主轮和刹车组件拆装

工作编号：SXTA-45	工作名称：B737-500 飞机主轮和刹车组件拆装
实训课时：2 课时	工作日期：	实习工位：飞机施工工位

（1）系统了解：

起落架系统在 TAT100 体系中章节号为＿＿＿＿＿＿＿＿＿＿＿＿＿＿＿＿＿＿＿＿。

（2）翻译如下起落架系统的描述（节选自波音 737-500AMM 手册）：

The charging valve is installed on the inboard side of the shock strut. The charging valve is between the trunnion and the lower side strut. Remove pressure from the hydraulic systems A and B. Do this task：Hydraulic System A or B Power Removal，TASK 29-11-00-860-805. The shock strut [1] is fully deflated when the dimension from the lower surface of the outer cylinder to the upper surface of the axle clevis on the inner cylinder is 0.9 in. (2.3 cm).

（3）选择 B737-500 型飞机的适当手册，查出飞机机轮的拆装程序章节号。

章节号：＿＿＿＿＿＿＿＿＿＿＿＿＿＿＿＿＿＿＿＿＿＿＿＿＿。

选择 B737-500 型飞机的适当手册，查出飞机机轮的件号。

件号：＿＿＿＿＿＿＿＿＿＿＿＿＿＿＿＿＿＿＿＿＿＿＿＿＿。

（4）工作前准备：

准备项目	准备工作	完成签署	检查签署
工具和设备	常用公制工具箱、常用英制工具箱、千斤顶、力矩扳手（0～50 N·m）、拆装轮轴专用工具、套筒工具		
劳保用品	抹布、润滑脂		
注意事项	1. 顶升飞机过程中注意飞机平衡； 2. 断开刹车管路时确认液压系统已经释压； 3. 拆之前确保轮胎已放气		
授权	获得指导教师工作授权（必检）		*

（5）操作：

操作流程	工作者签署	检查签署
1　准备工作		
1.1　清点工具，确认工具处于正常状态		
1.2　清点耗材，核对耗材的件号和数量		
1.3　检查操作区域，如发现异常状态，尽快向教员如实汇报		
1.4　清理工作场地，清除场地中的多余物		
2　拆除主轮		
2.1　顶升飞机（参考 07-10-00）		
备注：检查轮胎（参考 12-14-01）		
2.2　松开停留刹车；		*
2.3　拆除连接在刹车组件上的连接盘的 4 根螺栓，拆除连接盘和其保持垫圈拆除卡帽，保留螺钉和垫片（如适用）		
2.4　完全清洁起落架轮轴花键、螺帽和螺帽保持器		
3　拆除刹车盘		
3.1　机轮防止轮挡		
3.2　松开停留刹车		
3.3　断开刹车管路；拆除螺栓和垫片（如适用）；如果需要，拆除背盘（back plate）组件和推力盘组件，同时保持活塞在筒体上		
4　安装刹车盘		
4.1　如果需要安装机轮和整流罩，可参考 32-40-01		
4.2　用工具施加一定的力推两个活塞进入筒体		
4.3　安装推力盘组件和背盘组件		
5　安装主轮		
5.1　给轮胎充气到工作压力（参考 12-14-01）		
5.2　清洁轮轴、螺帽和螺帽保持器		
5.3　用油脂润滑接触表面；如果拆除了轮轴衬套，应将其安装在轮轴上；安装螺帽，同时旋转机轮直到轴承轴向安装到位，拧松螺帽，然后再次操作；在外侧安装螺帽保持器；放下飞机到地面并且移出千斤顶（参考 07-10-00）；用螺钉和垫片（如适用）安装卡帽		

参考图：

图 3-3　主轮拆下

图 3-4　主轮刹车拆下

B737-500 飞机主轮和
刹车组件拆装实习工卡

（6）完工状态：

工作结束后的检查和场地恢复	工作签署	检查签署
1. 检查各个指定位置保险装置安装的状态，避免出现错装、漏装的现象		
2. 清点、检查工具的状态和数量，并将工具归还至指定位置		
3. 清点、检查剩余的耗材，并将其归还至指定位置		
4. 检查、清理工作场地，确保工作场地中没有遗留任何多余物		
5. 获得指导教师完工签署		*

工作任务 3-4　起落架液压泵的拆装

工作编号：SXTA-42	工作名称：起落架液压泵的拆装	
实训课时：2 课时	工作日期：	实习工位：飞机施工工位

（1）系统了解：

起落架系统在 TAT100 体系中章节号为＿＿＿＿＿＿＿＿＿＿＿＿＿＿＿＿＿＿＿＿＿。

（2）翻译如下起落架系统的描述（节选自波音 737-500AMM 手册）：

The normal extension/retraction system will not operate with the cover for the alternate extend T handle open; make sure the cover is closed when you will extend or retract the landing gear with the landing gear control handle Before the test, make sure that the manual extension release mechanism of the nose landing gear is free from contamination.

（3）查阅相关手册，找到拆装起落架液压泵的施工章节。

章节号：＿＿＿＿＿＿＿＿＿＿＿＿＿＿＿＿＿＿＿＿＿＿＿＿＿＿。

查阅相关手册，找到拆装起落架液压泵的件号。

件号：＿＿＿＿＿＿＿＿＿＿＿＿＿＿＿＿＿＿＿＿＿＿＿＿＿＿。

（4）工作前准备：

准备项目	准备工作	完成签署	检查签署
工具和设备	千斤顶 1 套、通用工具箱、1/2 套筒、力矩扳手 0～200 磅寸		
劳保用品	堵盖（可用胶带代替）若干		
注意事项	1. 注意顶升飞机的相关要求，避免损坏飞机； 2. 注意螺帽需报废，防止无自锁能力； 3. 及时封堵开口区域，避免进入外来物		
授权	获得指导教师工作授权（必检）		*

（5）操作：

操作流程	工作者签署	检查签署
1　准备工作		
1.1　清点工具，确认工具处于正常状态		
1.2　清点耗材，核对耗材的件号和数量		
1.3　检查航空器中操作区域，如发现异常状态，尽快向教员如实汇报		
1.4　清理工作场地，清除场地中的多余物		
2　拆下起落架液压泵		
2.1　参考 AMM 07-01-00 顶升飞机		
2.2　打开跳开关面板上的"LDG GEAR"和"TULL OFF"跳开关		
2.3　拆卸后凳座垫（参见 25-12-00）		
2.4　拆卸 238 号盖板（参考 06-30-00）		
2.5　拆卸 218 号下整流罩		
2.6　标记并断开发电机电源接线		
2.7　在液压泵下面放置一个接油盘		
2.8　断开 2 号和 3 号管		
2.9　拆卸液压泵油尺		
2.10　剪断保护带（如已安装），拆卸螺栓、垫圈和螺母，拆下液压泵		
3　安装起落架液压泵		
3.1　用螺栓、垫圈和新螺母定位并将液压泵连接到支架上，设定力矩值为 70 磅·英寸		
3.2　连接管路		
3.3　连接电液发电机		
（a）黑色线：接地		
（b）蓝色线：上继电器		
（c）绿色线：下继电器		
3.4　确保无液压油渗漏		
3.5　安装 238 号盖板		
3.6　安装后座椅垫		
3.7　安装 218 号下机身整流罩		
3.8　将飞机降至地面，拆下千斤顶（参考 07-10-00）		

（6）完工状态：

工作结束后的检查和场地恢复	工作签署	检查签署
1. 检查各个指定位置保险装置安装的状态，避免出现错装、漏装的现象		
2. 清点、检查工具的状态和数量，并将工具归还至指定位置		
3. 清点、检查剩余的耗材，并将其归还至指定位置		
4. 检查、清理工作场地，确保工作场地中没有遗留任何多余物		
5. 获得指导教师完工签署		*

工作任务 3-5　飞机主轮和刹车组件拆装

工作编号：MEP-R/I-15	工作名称：飞机主轮和刹车组件拆装		
实训课时：2	工作日期：		工作地点：

（1）系统了解：

飞机起落架系统在 TAT100 体系中章节号为＿＿＿＿＿＿＿＿＿＿＿＿＿＿＿＿＿＿＿＿。

（2）翻译如下液压刹车系统的描述（节选自波音 737-500AMM 手册）：

A. The hydraulic braking system aids airplane control during ground operations. The Brakes hold theair planes during parking, mooring, and engine run. They stop the wheel spin after takeoff, shorten the landing run, and assist in turning when the airplane is taxied.

B. The brake system is manually controlled by the captains or first officers rudder pedals through linkage and cables to the brake metering valve for each main gear. Each brake metering valve directs B system hydraulic pressure up to 3000 psi to the brakes of the main gear it serves. An antiskid system and an automatic braking system are incorporated into the manual braking system.

（3）在 AMM 手册中找到关于拆装主轮刹车系统的章节号＿＿＿＿＿＿＿＿＿＿＿＿＿＿＿。

在 IPC 手册中找到关于主轮刹车系统拆装的章节号＿＿＿＿＿＿＿＿＿＿＿＿＿＿＿＿＿。

（4）工作前准备：

准备项目	准备工作	完成签署	检查签署
工具和设备	地面安全销、轮轴千斤顶、机轮和刹车拆装专用工具轮轴保护套（F72913-8）、螺纹保护套（F72913-11）、主轮轴螺帽套筒（F80168-3）、加力杆、机轮和刹车抬杆、轮胎充/放气工具（按需）、轮胎压力表、大磅表、小磅表、游标卡尺、接油盘、专用工具箱		

续表

准备项目	准备工作	完成签署	检查签署
劳保用品	手套、润滑脂（AeroShell Grease 22）、保险丝、开口销、毛巾		
注意事项	1. 确保所有起落架都安装了安全销。若没有安全销，起落架会被收回。这会导致人员受伤，设备损坏。 2. 如果不安装拆下的机轮组件，须对轮胎放气，以防止运输过程中充气轮胎爆炸。 3. 如果机轮组件没有损坏，可以接受在放气时在轮胎中留下大约 50 psi（345 kPa）或 25%的余压。在轮胎中留下大约 50 psi（345 kPa）或 25%的余压可以防止机轮组件运输时损坏轮胎。 4. 正确使用千斤顶和机轮、刹车拆装专用工具，防止压伤人或设备		
授权	获得指导教师工作授权（必检）		*

（5）操作：

操作流程	工作者签署	检查签署
1 准备拆卸主轮		
1.1 确保在前起落架和主起落架安装了安全销，参考 PAGBLOCK 32-00-01/201		
1.2 其他机轮放好轮挡		
1.3 设置停留刹车		
1.4 用千斤顶顶起相应起落架，直到离地面一定距离，参考 PAGEBLOCK 07-11-31/201		
2 机轮组件检查		
2.1 做以下步骤，检查机轮组件，观察在不放气情况下拆卸主轮是否安全，或将轮胎放气： **注意**：如果不安装拆下的机轮组件，须对轮胎放气，以防止运输过程中充气轮胎爆炸		
2.1.1 检查车轮和轮胎组件，看看它是否有以下状况		
2.1.2 检查轮胎，确保没有漏气、擦伤、不寻常的磨损区域、扎伤或变平（参考 PAGEBLOCK 32-45-00/601）		
2.1.3 检查机轮，并确保没有机轮损坏，包括腐蚀，螺栓或螺帽的松动、损坏、丢失，过热损坏或裂纹（参考 PAGEBLOCK 32-45-00/601）		

续表

操作流程	工作者签署	检查签署
2.1.4　如果机轮组件有上述步骤中的任何一个状况，则必须对轮胎放气		
2.1.2　用轮胎放气工具将轮胎放气		
2.2　如果不能对轮胎放气，须慢慢拧松气门芯放气		
3　拆卸主轮		
3.1　拧松 8 颗快卸螺钉，取下轮毂罩盖（仅外主轮）		
3.2　拆除保险丝、螺栓和垫圈，拆下轮毂罩		
3.3　拆除轮轴螺帽上卡圈，用主起落架轮轴螺帽套筒 SPL-9825 拆卸轮轴螺帽		
3.4　拆下垫圈和外机轮轴承		
3.5　在轮轴螺纹上安装螺纹保护套		
3.5.1　对于轴螺纹尺寸小的轮轴，使用小的螺纹保护套（F72913-14）		
3.5.2　对于标准尺寸轴螺纹的轮轴，使用螺纹保护套（F72913-11）		
3.6　使用机轮台车抬起机轮并拆下		
3.7　在轮胎上标明拆卸轮胎的原因，以便于检查人员检查轮胎		
3.8　拆下螺纹保护套，将刹车轮轴保护套（F72913-8）安装在轮轴上		
4　准备拆卸主轮刹车		
4.1　液压系统 A 和 B 施压（参考 PAGEBLOCK 29-15-00/201）		
4.1.1　松开停车刹车		
4.1.2　踩刹车 12 次，以消除刹车蓄压器的压力		
5　拆卸主轮刹车		
5.1　从刹车液压脱开活门上拆卸三个螺栓和垫圈		
5.2　拆卸刹车液压脱开活门，将刹车液压脱开活门底座留在刹车上		
5.3　拆卸刹车固定螺栓		
5.4　用刹车吊架从轮轴上拆卸刹车组件		
5.5　如果无法使用，则从轮轴上的刹车安装法兰上拆卸刹车安装座垫圈		
6　检查		
6.1　目测检查刹车安装法兰，包括螺栓孔，是否有腐蚀坑、掉块、裂纹或保护涂层的损坏		
6.1.1　如果发现腐蚀，修理起落架内筒，以完全清除腐蚀（参考 OHM 32-11-11 PAGEBLOCK 32-11-85/801）		
6.1.2　如果发现保护层有损坏，如剥落、鼓包、磨损，基体金属暴露在外，应按下列步骤操作		

续表

操作流程	工作者签署	检查签署
6.1.3　在下一次计划维护机中，去除现有的保护涂层		
6.1.4　目测检查刹车法兰孔是否有损坏的迹象，如腐蚀、刮痕或基体金属的磨损		
6.1.5　如果没有基体金属损伤存在，重新涂保护层		
6.1.6　如果发现有损坏，修理起落架内筒，以完全清除腐蚀（参考 OHM 32-11-11 PAGEBLOCK 32-11-85/801）		
6.1.7　如果没有发现腐蚀，则进行下一步		
6.2　目测检查刹车安装法兰之间的主轮轴是否有腐蚀迹象		
6.2.1　如果发现腐蚀，按 OHM 32-11-11 PAGEBLOCK 32-11-21/401 修理腐蚀		
6.3　检查轮轴刹车法兰是否有热损伤的迹象		
6.3.1　如果有热损伤的迹象，修理主轮轴（参考 PAGEBLOCK 32-11-85/801）		
7　拆装开口销		
7.1　在主起落架下支柱安装螺栓上拆装一个横向开口销（参考 TASK 20-10-44-964-009）		
7.2　在主起落架上防扭臂安装销上拆装一个纵向开口销（参考 TASK 20-10-44-964-009）		
8　准备安装机轮刹车		
8.1　刹车放气（参考 SUBTASK 32-41-41-874-072）		
8.2　如果有必要，参考 SUBTASK 32-41-41-424-077 更换刹车安装座垫圈		
9　安装主轮刹车		
9.1　润滑刹车安装螺栓的螺纹		
9.2　用刹车吊架抬起刹车，并放在轮轴上的位置，让其排气口向上		
9.3　安装刹车固定螺栓、垫圈和螺母，螺栓头指向轮轴的外端		
9.4　按如下方式拧紧刹车固定螺栓		
9.4.1　第一次以交叉方式拧紧螺栓至扭矩 60 磅·英尺（81 N·m）～70 磅·英尺（95 N·m）		
9.4.2　最后打一圈力矩，最后扭矩为 125 磅·英尺（169 N·m）～135 磅·英尺（183 N·m）		
9.5　将液压管路连接到刹车压力口		
9.5.1　用清洁的液压油润滑新的密封圈和两个备份密封圈		
9.5.2　将密封圈和备用密封圈安装在刹车液压脱开活门上		

续表

操作流程	工作者签署	检查签署
9.5.3　在液压刹车脱开活门底座上涂润滑脂		
9.5.4　连接液压刹车脱开活门和刹车上的液压刹车脱开活门底座		
9.5.5　置液压刹车脱开活门于正确的位置，使刹车液压软管指向前方		
9.5.6　在三个安装螺栓的螺纹和螺柱上轻涂一层润滑脂		
9.5.7　安装三个螺栓（P/N BACB30NM4HK3）和三个垫圈（P/N BACW10BP4ACU）		
9.5.8　将螺栓紧固到扭矩72磅·英寸l（8 N·m）～82磅·英寸（9 N·m）		
9.5.8.1　在螺栓上打好保险丝		
9.6　拆下轮轴刹车保护套，装上轮轴螺纹保护套		
9.7　完全清洁轮轴并轻涂一层润滑脂		
10　刹车测试		
10.1　A和B液压系统打压（参考PAGEBLOCK 29-15-00/201）		
10.2　刹车排气（参考PAGEBLOCK 32-41-00/201）		
10.3　视情况加液压油（参考PAGEBLOCK 12-12-00/301）		
10.4　对齐刹车片		
10.5　设置停车刹车		
11　准备安装机轮		
11.1　检查轮胎和机轮（参考PAGEBLOCK 32-4500/601）		
11.2　拆下轮轴保护套		
11.3　检查轮轴		
11.4　如果轮轴螺纹有凹痕、毛刺或螺纹划伤，对轴和轴螺母进行尺寸检查（参考PAGEBLOCK 32-11-85/601）		
11.5　清洁机轮内外轴承所在轮轴区域		
11.6　用润滑脂润滑内、外轮轴承和润滑脂密封圈		
11.7　检查并对准刹车盘（如果有必要）		
11.8　检查气芯		
12　测量轴承		
12.1　使用合适的量具测量轴承内外直径，并记录。 内直径：_____ 外直径：_____		
13　安装主机轮		

续表

操作流程	工作者签署	检查签署
13.1　确保安装了轮轴螺纹保护套		
13.2　安装机轮内侧轴承、润滑脂密封圈和挡环		
13.3　用机轮台车抬起主轮进行安装		
13.4　安装机轮外侧轴承		
13.5　如果适用，安装外侧油脂密封圈和挡环		
13.6　拆下螺纹保护套		
13.7　安装大螺母垫圈		
13.8　释放停留刹车		
13.9　按以下步骤安装轮轴螺帽并打力矩		
13.9.1　用油脂润滑螺纹并安装轮轴螺母		
13.9.2　转动机轮，拧紧轴螺母至300磅·英尺的湿力矩		
13.9.3　转动机轮，松开轮轴螺母，使力矩接近零		
13.9.4　转动机轮，拧紧轮轴螺母至150磅·英尺（203 N·m）		
13.9.5　确保保险孔对齐		
13.9.6　如果保险孔没有对齐，继续将螺母紧固到第一个锁孔上		
13.10　安装轮轴螺母上的卡圈		
13.11　使用三组螺栓和垫圈安装轮毂盖。拧紧螺栓至50磅·英寸（6 N·m）至80磅·英寸（9 N·m）的力矩		
13.12　在所有螺栓上打保险		
13.13　外侧机轮，将轮毂罩盖放在轮毂罩上，拧紧8颗快卸螺钉		
13.14　轮胎充气（参考PAGEBLOCK 12-15 / 51/301和PAGEBLOCK 32-45-00/201）		
13.15　放下千斤顶（参考PAGEBLOCK 07-11-31/201）		
13.16　检查胎压（参考PAGEBLOCK 12-15-51/301）		

（6）完工状态：

工作结束后的检查和场地恢复	工作签署	检查签署
1. 检查各个指定位置保险装置安装的状态，避免出现错装、漏装的现象		
2. 清点、检查工具的状态和数量，并将工具归还至指定位置		
3. 清点、检查剩余的耗材，并将其归还至指定位置		
4. 检查、清理工作场地，确保工作场地中没有遗留任何多余物		
5. 获得指导教师完工签署		*

课后提升

起落架选择活门内部有三个部件：滑阀、人工放出电磁活门、旁通活门。

正常情况下，滑阀位置的变化使液压油路方向发生改变，从而实现了起落架的收、放。起落架控制手柄通过钢索控制选择活门上的控制杆移动，控制杆与滑阀相连接，这样通过控制手柄位置的变化就实现了起落架的收、放。

人工放出电磁活门在备用位时，液压经过电磁活门后作动旁通活门使其旁通，从而堵住了起落架收上压力，并将起落架收上压力管路连接到回油管。

1. 正常收放

当起落架控制手柄在 DOWN 位时，滑阀移动到 DOWN 位，起落架放下液压到达起落架收放机构，同时放下液压使旁通活门在正常位。

当起落架控制手柄在 UP 位时，滑阀移动到 UP 位，液压经过选择活门后与放下液压反向，从而可以反向作动起落架收放作动筒，使起落架收上。

当起落架控制手柄在 OFF 位时，液压无法经过滑阀到达起落架收放机构，致使起落架无法通过液压完成收放。

2. 人工放出

如果滑阀卡滞在 UP 位或 OFF 位，或者液压系统 A、B 发生释压等故障，会造成无法通过液压使起落架放下（不一定是三个起落架都无法放下）。为了保障飞机安全着陆，可以通过人工方式放出起落架。

人工放出机构实现两个功能：

（1）打开盖板，盖板位置电门给人工放出电磁活门一个地信号，使其移动到备用位置，液压到达旁通活门使其处于旁通位，从而切断了起落架收放机构的收上压力。

（2）拉动人工放出手柄，人工放出连杆机构解锁起落架上位锁机构，使起落架靠自身重力和气动载荷放下并锁定。

思考题：

1. 如果在起落架收上过程中踩刹车会发生什么？
2. 人工放起落架后，怎样实现放下锁定？
3. 如果液压系统 A、B 均失效，落地后前轮转弯是否可用？

模块 4　飞机燃油系统部、附件拆装

模块 4　飞机燃油系统部、附件拆装

教学目标

【知识目标】

1. 学生能够了解飞机燃油系统的工作原理；
2. 学生能够说出进行飞机燃油系统部、附件拆装的操作要点和注意事项。

【技能目标】

1. 学生能够合理规范使用工具进行拆装工作；
2. 学生能够规范进行飞机燃油系统部、附件拆装流程。

【素养目标】

1. 学生要具备精益求精、严谨专注、耐心坚持、专业敬业的民航工匠精神；
2. 具备严谨、专业、诚信的维修作风；
3. 学生能够做到"三个敬畏"（敬畏生命、敬畏规章、敬畏职责）、"四个意识"（规章意识、风险意识、举手意识、纪律意识）、"五个到位"（准备到位、施工到位、测试到位、收尾到位、交接到位）；
4. 学生能够正确实施"工具三清点"，任务实施过程中不出现丢失工具的情况；
5. 学生能按照工卡步骤施工，不出现工作步骤遗漏的情况，具备"九字方针"（看一条、做一条、签一条）意识，诚信记录，按要求签署工卡；
6. 具备安全意识，不做出可能造成航空器/设备损坏、人员受伤的行为。

任务导入

根据纪录片《空中浩劫第十季》第 2 集的记录，英国航空 38 次航班（BA038）是由中国北京首都国际机场飞往英国伦敦希斯罗机场的一个定期航班，此次事故是于 2008 年 1 月 17 日该航班在希斯罗机场进场时，因发动机失效，于 12:42（1242Z）迫降在 27L 跑道头前的草坪上，所幸无人员死亡。

在 2008 年 9 月的调查报告中说，事故与飞机燃料系统结冰有关。调查人员在飞机的燃料箱中发现了 5 L 的水；在降落前 1 min，燃料输送管道受阻，导致飞机急速下降。飞机燃料结冰并不寻常，因为飞机燃料可抵受 −38 ℃ 的低温。当时 38 号班机从北京飞往伦敦时，飞经西伯利亚上空，有可能在这里遭遇极低的低温。报告指出当时飞机在该航段飞行时，保持着平稳的状态飞行，令燃料欠缺流动。

飞机的燃油系统就是飞机的动力来源，对于整个飞机系统来说都是至关重要的系统部件，因此我们有必要掌握燃油系统部、附件的拆装工作。

知识准备

一、燃油系统简介

燃油系统分为两大部分：飞机燃油系统和发动机燃油系统。通常以发动机供油关断活门作为分界，活门上游为飞机燃油系统。飞机燃油系统的主要功能如下：

储存燃油：飞机油箱中储存着飞机完成飞行任务所需的全部燃油，包括紧急复飞和着陆后的备用燃油。

可靠供油：飞机燃油系统需在各种规定的飞行状态和工作条件下保证安全可靠地将燃油供向发动机和辅助动力装置（Auxiliary Power Unit，APU）。

调节重心：通过燃油系统可以调整飞机横向和纵向重心位置，横向重心调整可保持飞机平衡，减小机翼机构受力；纵向重心调整可减小飞机平尾配平角度，减小配平阻力，降低燃油消耗，增加经济性。

冷却介质：燃油可作为冷却介质，用来冷却滑油、液压油和其他附件。

飞机燃油系统包括燃油存储、供油、加油/抽油和指示四个主要的分系统。

二、燃油系统工作的安全程序

燃油系统工作的安全程序包括三个部分：防火、灭火和保障人员安全。防火是移除产生或者支持起火的因素。燃烧三要素包括可燃物、助燃物和着火源。在飞机燃油系统维护过程中，不得出现暴露火源，不得吸烟，在做氧气瓶的加注或者更换工作时，不能进行加油或者抽油工作。

为了应对可能出现的火情，工作现场要有可用的灭火器。除了起火危险外，在燃油系统工作中还有其他潜在的风险：过量吸入燃油蒸气会影响人体健康，甚至使人失去意识；接触燃油还会对皮肤和眼睛造成伤害，工作时需严格遵守安全规定。

三、飞机燃油系统维护安全注意事项

（1）遵守手册中所有的安全程序。

（2）油箱工作区域必须使用防爆设备，配备灭火设备，张贴"禁止烟火""禁止打电话""禁止拍照"等警告标志。

（3）工作人员必须穿戴棉质防静电服。

（4）在给燃油箱加油放油期间，禁止操作高频、甚高频通信设备，否则可能造成火灾或人员损伤。

安全管理

飞机维修实训时须注意以下安全管理事项：

（1）遵守工作规程和操作规范。在开始工作前，要认真阅读和理解工作规程以及操作规范，并在操作期间严格遵守。

（2）确认设备和工具完好无损。在开始维修工作之前，应检查工具和设备是否完好无损，并确保所有设备和工具的使用是安全的。

（3）确保现场安全。在工作过程中要保证现场的安全，如要确保维修区域没有易燃易爆物品和其他危险物品，维修区域应清洁整齐，至少应有2个人在现场进行密切监视。

（4）确认人员资质和权利。参与维修工作的人员应有相关技能的资质，并且在进行工作前应进行适当的培训，并配备必备证件和授权书。

（5）符合安全操作要求。在操作过程中，应注意安全操作要求，如应顺时针旋转螺丝，不应用力过猛，应正确使用工具等。

（6）记录工作细节。在维修过程中要记录维修的细节，如操作步骤，使用的工具和设备，维护的时间和日期等。如果有问题或异常情况发生，应及时记录并通知上级。

（7）严格遵守相关法律法规。在进行飞机维修实训时，要严格遵守相关的法律法规，确保维修过程中不违反安全、环境和劳动法规。

（8）遵守标准化操作程序。在进行飞机维修实训时，应该制定标准化操作程序，保证飞机维修过程符合安全标准，确保所有动作正确、顺序合理，遵循标准程序操作，所有操作流程应简单易懂，并包含关键步骤，由专业人员进行审核并确认后再实施。

（9）确保维修区域的良好通风。飞机维修过程中会产生许多有害气体和粉尘，因此要确保维修区域的良好通风，同时确保员工穿戴防护装备。

（10）保持维修设备的良好状态。修理、保养和测试设备必须维护得足够好，以确保其符合最高的准确性、可靠性和安全性要求，所有设备必须在使用前进行检查，并定期进行维修保养，所有故障设备应尽早报修。

（11）提高人员安全意识。员工必须时刻保持专业警惕、谨慎，服从规定和程序，提高安全意识，互相监督，并在工作中通过自我约束、相互约束来减少事故发生的可能性。

以上安全管理注意事项可以帮助学生提高飞机维修实训的安全性，并减少事故的发生。

工作任务 4-1　低压燃油泵的拆装和检查

工作编号：MEP-R/I-15	工作名称：低压燃油泵的拆装和检查	
实训课时：2	工作日期：	工作地点：

（1）系统了解：

燃油系统在 TAT100 体系中章节号为＿＿＿＿＿＿＿＿＿＿＿＿＿＿＿＿＿＿。

（2）翻译如下燃油系统的描述（节选自波音 737-500AMM 手册）：

The fuel system stores fuel and delivers fuel to the engines and APU. Additional components and controls in the system provide rapid fueling and defueling capabilities. The tanks, lines, fittings, and operating components in the system are compatible with all fuels meeting the engine and APU manufacturer's specifications.

（3）在 AMM 手册中找到关于低压燃油泵的拆装和检查的章节号＿＿＿＿＿＿＿＿＿＿。

在 IPC 手册中找到关于低压燃油泵的章节号＿＿＿＿＿＿＿＿＿＿＿＿＿＿＿＿＿＿。

（4）工作前准备：

准备项目	准备工作	完成签署	检查签署
工具和设备	常用拆装工具箱		
劳保用品	手套、垫片、密封圈、保险丝		
注意事项			
授权	获得指导教师工作授权（必检）		*

（5）操作：

操作流程	工作者签署	检查签署
实习工位上拆卸运 7-100 型飞机低压燃油泵：		
（1）去掉波形连接卡子上的保险并松开卡子		
（2）脱开波形连接胶布夹管		

续表

操作流程	工作者签署	检查签署
（3）拆下相关管路		
（4）拆下低压燃油泵上的固定螺帽，取下低压燃油泵		
（5）检查低压燃油泵，应无划伤、压坑、变形等		*
（6）检查钢纸封严垫是否完好，检查封严圈是否完好		*
（7）检查并装回钢纸封严垫		
（8）保证低压燃油泵的正确安装位置，使传动齿轮箱与花键吻合		
（9）安装低压燃油泵，固定螺帽并拧紧		
（10）安装通气管路并打好保险		
（11）连接胶布夹管的燃油管路并装好搭铁线		
（12）拧紧胶布夹管的卡子并打好保险		*

（6）完工状态：

工作结束后的检查和场地恢复	工作签署	检查签署
1. 检查各个指定位置保险装置安装的状态，避免出现错装、漏装的现象		
2. 清点、检查工具的状态和数量，并将工具归还至指定位置		
3. 清点、检查剩余的耗材，并将其归还至指定位置		
4. 检查、清理工作场地，确保工作场地中没有遗留任何多余物		
5. 获得指导教师完工签署		*

工作任务 4-2　调速器的拆装和检查

工作编号：MEP-R/I-15	工作名称：调速器的拆装和检查	
实训课时：2	工作日期：	工作地点：

（1）系统了解：

发动机燃油调节系统在 TAT100 体系中章节号为_____。

（2）翻译如下发动机的描述（节选自波音 737-500AMM 手册）：

The fuel distribution system supplies filtered, pressurized fuel to the fuel nozzles in the combustion section. The system consists of an engine driven fuel pump, fuel filter, servo fuel heater, fuel/oil heat exchanger, fuel plumbing, fuel manifold and fuel nozzles.

（3）在 AMM 手册中找到关于调速器组件拆装的章节号_____。

在 IPC 手册中找到关于调速器组件的章节号_____。

（4）工作前准备：

准备项目	准备工作	完成签署	检查签署
工具和设备	常用拆装工具箱、三用表、力矩扳手		
劳保用品	手套、垫片、封圈、保险丝		
注意事项			
授权	获得指导教师工作授权（必检）		*

（5）操作：

操作流程	工作者签署	检查签署
拆装调速器：		
（1）去掉所有连接管路上的保险		
（2）去掉 2 个电插头上的保险		
（3）拆下 2 个电插头		
（4）去掉管螺帽保险，并拆卸管接头封堵管接口		
（5）拆下调速器上的三个安装螺帽		
（6）小心将调速器取下（必要时需找人帮助）		*
（7）检查调速器安装结合面有无划伤，更换垫子		
（8）安装好三个调速器固定螺帽		
（9）安装管路，并对管接头按 20 磅·英寸（2.3 N·m）磅力矩紧固		*

续表

操作流程	工作者签署	检查签署
（10）安装 2 个电插头		
（11）对所有管接头进行保险操作		
（12）对 2 个电插头进行保险操作		*

参考图：

图 4-1　固定螺帽位置（一）

图 4-2　固定螺帽位置（二）

低压燃油泵的拆装和检查

（6）完工状态：

工作结束后的检查和场地恢复	工作签署	检查签署
1. 检查各个指定位置保险装置安装的状态，避免出现错装、漏装的现象		
2. 清点、检查工具的状态和数量，并将工具归还至指定位置		
3. 清点、检查剩余的耗材，并将其归还至指定位置		
4. 检查、清理工作场地，确保工作场地中没有遗留任何多余物		
5. 获得指导教师完工签署		*

课后提升

油箱供油有两种工作模式：自动模式和人工模式。

A320 飞机 AUTO MODE（自动模式）下有下列几种阶段：

（1）飞机在地面，缝翼伸出；所有油箱泵按钮按入：此时大翼油箱泵运转，而中央油箱泵不运转。

（2）起动发动机：ECAM 上的 F.USED 数值重置为零；发动机起动后，无论缝翼在什么位置，中央泵运转 2 min 后停止。

（3）飞机起飞。

（4）飞机在空中，缝翼收上：中央油箱泵开始运转，优先供油。

（5）中央油箱燃油耗光：（5 min 延时后）中央油箱泵停止运转；大翼油箱开始供油（在上述步骤中大翼油箱泵始终处于工作状态）。

（6）大翼内侧油箱油位低于给定值（750 kg）：传输活门自动打开并保持在开位，直到下次加油。外侧油箱的燃油流入内侧油箱。

模块 5　飞机滑油系统部、附件拆装

模块 5　飞机滑油系统部、附件拆装

教学目标

【知识目标】

1. 学生掌握飞机滑油的作用和滑油系统的组成；
2. 学生能够了解飞机滑油系统的工作原理；
3. 学生能够说出进行飞机滑油系统部、附件拆装的操作要点和注意事项。

【技能目标】

1. 学生能够合理规范使用工具进行拆装工作；
2. 学生能够规范进行飞机滑油系统部、附件拆装流程。

【素养目标】

1. 学生要具备精益求精、严谨专注、耐心坚持、专业敬业的民航工匠精神；
2. 具备严谨、专业、诚信的维修作风；
3. 学生能够做到"三个敬畏"（敬畏生命、敬畏规章、敬畏职责）、"四个意识"（规章意识、风险意识、举手意识、纪律意识）、"五个到位"（准备到位、施工到位、测试到位、收尾到位、交接到位）；
4. 学生能够正确实施"工具三清点"，任务实施过程中不出现丢失工具的情况；
5. 学生能按照工卡步骤施工，不出现工作步骤遗漏的情况，具备"九字方针"（看一条、做一条、签一条）意识，诚信记录，按要求签署工卡；
6. 具备安全意识，不做出可能造成航空器/设备损坏、人员受伤的行为。

任务导入

JT8D 发动机是 20 世纪 60—80 年代西方国家生产最多的小涵道比涡扇发动机，截至 1991 年，共有 12 654 台用于军用或民用飞机上，累计使用时数为 2 370 万小时/1 480 万个起落。多年使用后，4、5 号轴承间滑油腔中滑油自燃，造成高压涡轮轴或联轴器损坏甚至断轴是一项重大故障，从 1969 年到 1990 年，共发生过此类故障 28 起（仅 1984—1988 年的 5 年间，就发生过 10 起），其中 5 起是非包容的断轴故障。由于使用的发动机数目多，每日累计的工作小时多，因而由它引起的故障率（每千小时故障次数）还是较低，但是它的后果却是非常严重的。

飞机的滑油系统对飞机系统的重要性不言而喻，因此我们有必要掌握滑油系统部、附件的拆装工作。

知识准备

一、滑油系统部件

滑油系统主要部件包括滑油箱、滑油泵（供油泵和回油泵）、滑油滤、磁屑探测器（磁性堵塞）、滑油冷却器、油气分离器、释压活门、滑油喷嘴和最终油滤、测试仪表等。润滑组件为供油泵、回油泵、压力油滤、释压活门、磁屑探测器的组合件。

1. 滑油箱

滑油箱一般安装在风扇机匣或附件齿轮箱上，用于储存滑油。

滑油箱上有重力加油口或压力加油口，在某些发动机上，这两种加油口都有。加油口标注有"Oil"和油箱容量。滑油箱上有供油出口、回油进口、进气设备以及放油塞等。油箱应备有观察窗或者量杆，用来对滑油系统的油量进行检查。油箱应有传感器用来测量油箱滑油量，并在驾驶舱仪表上指示。油箱中有油气分离装置，滑油回油进入油箱后首先经过它，将回油中的空气分离出来，从而减少泡沫的生成。油箱里安装有防止油晃动的隔框。有的机型上有防虹吸部件，防止停车后油箱滑油通过供油管流到系统中的最低点。

2. 滑油泵

滑油泵对于发动机能否有效工作极为重要，按其功能可分为增压泵和回油泵。增压泵也叫供油泵，功用是将滑油从油箱中抽出送到轴承腔、齿轮箱等需要润滑的位置。回油泵的功用是将润滑后的滑油收集起来送回油箱。由于回油温度高，并且含有大量气泡，回油系统的能力必须至少是增压系统的两倍，所以供油泵可以是 1 个，回油泵则有 3 个或更多。增压泵和回油泵通常做成一体，常位于润滑组件中，装在附件齿轮箱上，由一根驱动轴驱动。常用的滑油泵有齿轮泵和摆线泵，也有的采用旋板泵。

3. 滑油滤

滑油滤的作用是过滤滑油中的微粒，以保证滑油清洁。通常在滑油箱的出口或紧接在滑油泵进口之前安装粗滤网，以防止碎片损坏油泵。在供油路和回油路上都安装有油滤，装在增压泵之后的滑油滤称为高压油滤，它滤出可能会堵塞滑油喷嘴的细小颗粒。回油滤装在每一条滑油回油路上，用来收集从润滑部件掉下的任何碎片。

4. 滑油散热器

滑油需要循环使用，必须将滑油的热量散掉，因此滑油系统中安装有滑油散热器。散热器可装在供油系统中，也可装在回油路中。散热器装在回油路上的滑油系统叫作冷油箱系统，其特点是进入油箱的滑油温度较低。散热器装在供油路上的滑油系统叫作热油箱系统。对于热油箱系统来说，热滑油直接回油箱，油箱供出的滑油中含有较少的空气，因此可以采用较小的散热器。根据冷却介质不同，常用的滑油散热器可分为两类：以燃油为冷却介质的燃油/滑油热交换器和以空气为冷却介质的空气/滑油热交换器，而某些机型中同时使用燃油冷却和空气冷却的散热器。

5. 磁屑探测器

磁屑探测器又称磁性堵塞，装在回油路上（收油池、回油泵、油箱），探测金属粒子，判断发动机内部机件工作状态。其内部的永久磁铁和滤网吸附含铁及不含铁的粒子、碎屑。磁屑探测器应定期拆下检查，在高倍放大镜下观察，分析金属屑的来源。磁屑探测器有自封活门，防止磁性堵塞拆下时滑油流出。按安装方式分，磁屑探测器分为插入式和螺纹式两种。

6. 油气分离器

为防止滑油箱、齿轮箱和轴承腔的压力过高，在滑油系统中有通大气的通风口。在空气通往机外之前，空气中的油滴将被油气分离器分离出来。通过油气分离器，去除气泡、蒸气，防止供油中断或破坏油膜，减少滑油消耗。滑油继续循环使用，空气通到机外。工作时，空气/滑油雾进入分离器，油滴由转子离心力向外甩，收集在壳体底部经回油泵返回滑油箱，空气从转子中心经通气出口到大气。油气分离器大多安装在齿轮箱上并由齿轮箱驱动，也有的机型上油气分离器装在发动机低压转子轴上，由低压轴驱动。

二、滑油系统的分系统

典型发动机的滑油系统，它由增压系统、回油系统和通气系统三部分组成。增压系统又称供油系统，它负责把一定压力、一定量的滑油送到需要润滑的区域，如轴承腔、附件齿轮箱等。增压系统从滑油箱开始，到滑油喷嘴结束，其中包括增压泵、供油滤、调压活门、最终油滤等。回油系统的作用是把润滑后的滑油尽可能快地送回滑油箱。回油系统从轴承腔开始，到滑油箱结束，其中包括回油泵、磁屑探测器、回油滤等。通气系统的功用是平衡滑油腔的压力，减少滑油消耗量、保证滑油系统的工作正常。通气系统包括油气分离器和各部分的通气管路。有的机型上还有余油排放系统，将一些关键部位可能泄漏的滑油收集起来，并引导到发动机余油排放系统。此外，滑油系统还有指示和警告系统。

三、典型发动机滑油系统常见维护及安全注意事项

1. 系统维护安全注意事项

滑油系统的日常维护主要包括滑油量检查、加油、磁堵检查、更换油滤和冲洗滑油系统等。合成滑油有高毒性，应避免长时间接触皮肤，若有接触应及时用水冲掉。若不慎进入眼睛，应立即用大量清水冲洗。滑油对漆层和橡胶有腐蚀性，应避免让滑油洒到这些部件上。如果滑油滴落在涂漆表面或橡胶零件上，需要立即擦干净。在做滑油系统维护时，应做好个人防护，如戴橡胶手套、护目镜等。

2. 滑油量检查

常规情况下飞机每次落地后检查发动机滑油量，滑油量可以从滑油箱的观察窗检查或者从驾驶舱 ECAM 或 EICAS 显示上检查，但有些机型可能因为发动机关车后发动机电子控制器断电，在 ECAM 或 EICAS 显示滑油量为空白，所以应以滑油箱上的玻璃窗口检查为主。检查和添加滑油必须在发动机停车后的规定时间内进行，过早或过晚都会导致检查或添加的滑油量数据不准确。

3. 加油

当滑油低于规定值时，需要加注滑油到工作单卡要求的量。由于发动机运转时滑油温度较高并且是增压的，所以发动机关车 5 min 以内不要打开滑油箱口盖，打开口盖可能因滑油溅到眼睛或皮肤上导致人员受伤。滑油冷却需要在燃油/滑油散热器内进行，通常情况燃油压力高于滑油压力。打开滑油箱加油口盖时，如果有燃油气味，说明有燃油进入滑油系统，可能是燃油/滑油散热器有漏油，需要进一步排故。在无精确量具时，应整夸脱添加滑油并对每次

加油量做记录，这样可以准确监控发动机滑油消耗量，及时发现发动机滑油系统可能会出现的问题。

4. 磁堵检查

磁堵及滑油滤检查是对发动机滑油系统监控维护的手段之一，目前磁堵检查一般分为定期检查和视情检查两种。定期检查就是定期拆下磁堵检查有无异常；视情检查是指发动机上安装有碎屑检测电路，如果磁堵上吸附了足够多的金属屑，检测电路就会接通，在 MCDU 上产生维护信息，机务人员检查到维护信息时拆下磁堵检查。无论哪种方式，都是为了监测滑油系统有无金属屑等异物，当发现磁堵上的金属屑中有疑似发动机轴承等关键部件的成分，应当立即上报，并及时送实验室化验，未确定前不能放行发动机。

5. 更换油滤

不同机型油滤维护和滑油更换的时间间隔有很大的不同，通常应定期拆下滑油滤进行检查或更换，旧油滤做报废处理不能循环使用。拆下油滤后，应检查滑油的非正常颜色或者颗粒含量，检查滤芯和滤杯内侧是否有不正常碎片，并报废密封圈。如果发现不正常颗粒、碎片和不正常油液颜色，需对颗粒、碎片进行化验，并由工程师决定下一步方案。

6. 冲洗滑油系统

滑油系统维护中可能遇到滑油污染的问题。可能出现的污染包括燃油、液压油和洗涤液等污染。处理的方法一般是：更换油滤并对滑油系统进行冲洗。

安全管理

飞机维修实训时须注意以下安全管理事项：

（1）遵守工作规程和操作规范。在开始工作前，要认真阅读和理解工作规程以及操作规范，并在操作期间严格遵守。

（2）确认设备和工具须完好无损。在开始维修工作之前，应检查工具和设备是否完好无损，并确保所有设备和工具的使用是安全的。

（3）确保现场安全。在工作过程中要保证现场的安全，如要确保维修区域没有易燃易爆物品和其他危险物品，维修区域应清洁整齐，至少应有 2 个人在现场进行密切监视。

（4）确认人员资质和权利。参与维修工作的人员应有相关技能的资质，并且在进行工作前应进行适当的培训，并配备必备证件和授权书。

（5）符合安全操作要求。在操作过程中，应注意安全操作要求，如应顺时针旋转螺丝，不应用力过猛，应正确使用工具等。

（6）记录工作细节。在维修过程中要记录维修的细节，如操作步骤，使用的工具和设备，维护的时间和日期等。如果有问题或异常情况发生，应及时记录并通知上级。

（7）严格遵守相关法律法规。在进行飞机维修实训时，要严格遵守相关的法律法规，确保维修过程中不违反安全、环境和劳动法规。

（8）遵守标准化操作程序。在进行飞机维修实训时，应该制定标准化操作程序，保证飞机维修过程符合安全标准，确保所有动作正确、顺序合理，遵循标准程序操作，所有操作流程应简单易懂,并包含关键步骤,由专业人员进行审核并确认后再实施。

(9)确保维修区域的良好通风。飞机维修过程中会产生许多有害气体和粉尘,因此要确保维修区域的良好通风,同时确保员工穿戴防护装备。

(10)保持维修设备的良好状态。修理、保养和测试设备必须维护得足够好,以确保其符合最高的准确性、可靠性和安全性要求,所有设备必须在使用前进行检查,并定期进行维修保养,所有故障设备应尽早报修。

(11)提高人员安全意识。员工必须时刻保持专业警惕、谨慎,服从规定和程序,提高安全意识,互相监督,并在工作中通过自我约束、相互约束来减少事故发生的可能性。

以上安全管理注意事项可以帮助学生提高飞机维修实训的安全性,并减少事故的发生。

> 任务实施

工作任务 5-1　拆装火焰筒和滑油散热器

工作编号：SXPA-48	工作名称：拆装火焰筒和滑油散热器	
实训课时：2	工作日期：	工作地点：

（1）系统了解：

拆装火焰筒和滑油散热器在 ATA100 体系中章节号为_____。

（2）翻译如下的描述（节选自波音 737-500AMM 手册）：

The airborne auxiliary power for the airplane is supplied by a gas turbine auxiliary power unit (referred to as the APU). The APU can supply pneumatic bleed air and electrical power to the airplane while the airplane is on the ground or in flight. The APU operation is controlled by the APU control unit. The APU control unit is found on the E3-3 electrical shelf.

（3）在 AMM 手册中找到关于飞机点火电嘴拆装的章节号_____。

在 IPC 手册中找到关于滑油散热器的章节号_____。

（4）工作前准备：

准备项目	准备工作	完成签署	检查签署
工具和设备	常用拆装工具箱、三用表、力矩扳手等		
劳保用品	手套、垫片、密封圈、保险丝等		
授权	获得指导教师工作授权（必检）		*

（5）操作：

操作流程	工作者签署	检查签署
1. 拆卸火焰筒周围的连接件		
（1）去掉点火电嘴导线的保险		
（2）拆下点火电嘴导管		
（3）拆下燃油喷嘴供油管路		
（4）拆下火焰筒卡箍，取下火焰筒		

续表

操作流程	工作者签署	检查签署
2. 检查火焰筒		
（1）外部目视检查是否良好		
（2）焊接点是否牢固，有无裂纹		
（3）锈蚀状况和烧蚀、过热情况		
（4）检查孔的周围有无裂纹		
3. 安装火焰筒		
（1）将火焰筒装入壳体内，调整位置		
（2）连接好卡环，并拧紧卡环，进行定力=20磅·英寸（2.3 N·m）		
（3）连接好周围的连接导管，打好保险		
4. APU滑油散热器拆装		
（1）拆除滑油箱进出口管路螺帽与通气管路螺帽		
（2）拆除散热器两个紧固吊带螺帽		
（3）取下散热器并封堵好各管路，放置好散热器		
（4）检查各管路的完好性，目视检查散热器完好性		
5. 装好散热器，紧固好吊带，连接各管路，对安装情况进行复查		

参考图：

图 5-1　火焰筒示意

图 5-2　燃烧室

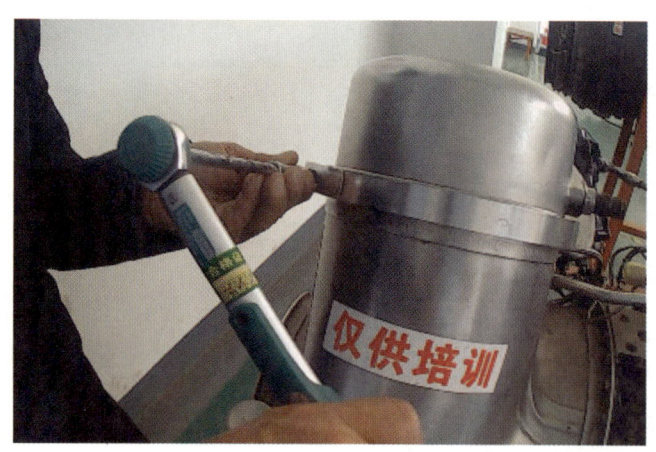

拆装火焰筒和滑油散热器

图 5-3　火焰筒卡箍

（6）完工状态

工作结束后的检查和场地恢复	工作签署	检查签署
1. 检查各个指定位置保险装置安装的状态，避免出现错装、漏装的现象		
2. 清点、检查工具的状态和数量，并将工具归还至指定位置		
3. 清点、检查剩余的耗材，并将其归还至指定位置		
4. 检查、清理工作场地，确保工作场地中没有遗留任何多余物		
5. 获得指导教师完工签署		*

工作任务 5-2　飞机滑油油量表传感器拆装与检测

工作编号：	工作名称：飞机滑油油量表传感器拆装与检测	
实训课时：2	工作日期：	工作地点：

（1）系统了解：

飞机滑油油量表传感器在 ATA 100 中章节号为_____。

（2）翻译如下飞机油量指示系统的描述（节选自波音 737-500AMM 手册）：

A. The APU oil indicating system (referred to as the oil indicating system) monitors the APU condition.

The oil indicating system monitors for high oil temperature, low oil pressure, and low oil quantity.

The oil indicating system has three indicator lights on the P5 forward overhead panel. Also, the oil indicating system has these switches on the APU engine：

(1) the high oil temperature switch (referred to as the oil temperature switch)

(2) the low oil pressure switch (referred to as the oil pressure switch)

(3) the low oil quantity switch (referred to as the oil quantity switch)

（3）在 AMM 手册中找到关于拆装飞机滑油油量传感器拆装的章节号_____。

在 IPC 手册中找到关于飞机滑油油量传感器拆装的章节号_____。

（4）工作前准备

准备项目	准备工作	完成签署	检查签署
工具和设备	部件拆装常用工具箱、LCR 表		
劳保用品	清洁剂、纸胶带、清洁布、保险丝		
授权	获得指导教师工作授权（必检）		*

（5）操作：

施工步骤	工作者签署	检查签署
1　在实习工位拆除滑油油量表传感器并检查		
1.1　断开滑油油量表指示器开关，并挂止动牌		
1.2　去除保险，脱开滑油油量表传感器插头		
1.3　去除滑油油量表传感器固定螺帽保险		
1.4　松开固定螺帽，并将螺帽和垫片保管好		
1.5　取出滑油油量表传感器，用防尘罩盖好滑油箱		
1.6　检查滑油油量传感器浮子有无变形，检查浮子固定良好		
1.7　打开滑油油量表传感器上盖，用干净绸布清洁电位计		
1.8　活动滑油油量表传感器浮子，查看电刷在电位计上移动无卡阻、跳动现象		
1.9　用万用表分别搭接在传感器插头内的 1、3 插钉，活动浮子查看电阻有无变化。检查结果：＿＿＿＿＿＿＿＿＿＿＿		
1.10　装好滑油油量表传感器上盖，并拧紧螺钉		
2　安装滑油油量表传感器		
2.1　取下滑油箱防尘罩		
2.2　更换滑油油量表传感器密封件		
2.3　安装好滑油油量传感器并拧紧固定螺帽		
2.4　打好保险		
2.5　拧紧插头，并打上保险		
3　邦迪块和小功率继电器拆装检查、测量		
3.1　在指定实习工位拆卸邦迪块（总电源开关挂警告牌）		
3.1.1　松开固定卡块，推出滑轨		
3.1.2　退出连接导线的插钉，将邦迪块取下		
3.1.3　检查邦迪块。检查结果：＿＿＿＿＿＿＿＿＿＿＿		
3.2　在指定实习工位安装邦迪块		
3.2.1　接好邦迪块连接导线		
3.2.2　将邦迪块放入滑轨，推进到位		
3.2.3　固定好卡块		
3.3　在指定实习工位拆除继电器（总电源开关挂警告牌）		
3.3.1　拆除继电器固定螺钉		

续表

施工步骤	工作者签署	检查签署
3.3.2 拔下继电器,测量控制线圈电感。 电感值:＿＿＿＿＿＿＿＿＿＿		
3.4 在指定实习工位安装继电器		
3.4.1 对准继电器定位销,将继电器推进;拧紧固定螺钉		
4 结束工作:清点工具、整理清洁现场		

(6)完工状态:

工作结束后的检查和场地恢复	工作签署	检查签署
1. 检查各个指定位置保险装置安装的状态,避免出现错装、漏装的现象		
2. 清点、检查工具的状态和数量,并将工具归还至指定位置		
3. 清点、检查剩余的耗材,并将其归还至指定位置		
4. 检查、清理工作场地,确保工作场地中没有遗留任何多余物		
5. 获得指导教师完工签署		*

案例解析：发动机滑油过多导致客舱出现烟雾

某 737-700 飞机，航后 DU 检查双发滑油量指示为 17 夸脱，双发滑油箱各自添加 2 夸脱滑油，DU 指示为双发滑油量 19 夸脱。航前检查发现右侧发动机滑油量 16 夸脱；立即更换右侧发动机滑油箱防漏活门，更换时工作者确认活门无渗漏；完工后，勤务右侧滑油箱到 19 夸脱。

然后开始试车工作，发现在转换 APU 引气到发动机引气后，客舱、驾驶舱出现油烟，试车人员关闭发动机，开始检查。

地面检查风扇、尾喷、排放口正常；打开风扇、反推整流罩，未见附件或者管路有渗漏。发现：六点钟位置两个 VBV 排放门处有滑油渗漏情况，相应的 VBV 门上也存有滑油。

孔探 HPC 第一至第三级叶片未见滑油痕迹；孔探检查 LPC 出口区域（三点钟位置）未见滑油痕迹。从风扇分流环内部六点钟位置插入孔探头，孔探低压压气机，发现：① 部分增压器叶片潮湿；② 部分静子叶片潮湿；③ 增压器鼓缝隙内有明显滑油痕迹。

按 AMM TASK 72-00-00-100-804-F00，用清洗剂冲洗发动机，反复使用大翼防冰和发动机前沿防冰祛除异味。完成 3 min 起飞功率测试，然后完成 1 h 部分功率试车，重复上述检查步骤，结果正常。飞机正常放行，后续连续监控一周，滑油消耗水平正常，飞机正常运行。

这个案例中主要的问题是，排故后人为地将发动机滑油加多，导致后续试车时，过量的滑油没有被完全密封住，进入引气和发动机内部。

相比而言，之前遇到的案例还是很幸运的，没有造成运营事件。另外，值得提醒的是，正常航前发动机滑油是冷的，航后发动机滑油是热的，不能简单认为航后 17+2=19，航前 16 就是发动机有内漏。

总结：滑油勤务工作我们每天都在做，但是要注意手册中的一些细节，特别是要正确看懂滑油观察窗，最终加油位置以观察窗为准。

模块 6　飞机气源系统部、附件拆装

模块 6　飞机气源系统部、附件拆装

教学目标

【知识目标】

1. 学生能够了解飞机气源系统的工作原理；
2. 学生掌握飞机引气的作用和原理；
3. 学生能够说出进行飞机气源系统部、附件拆装的操作要点和注意事项。

【技能目标】

1. 学生能够合理规范使用工具进行拆装工作；
2. 学生能够规范进行飞机气源系统部、附件拆装流程。

【素养目标】

1. 学生要具备精益求精、严谨专注、耐心坚持、专业敬业的民航工匠精神；
2. 具备严谨、专业、诚信的维修作风；
3. 学生能够做到"三个敬畏"（敬畏生命、敬畏规章、敬畏职责）、"四个意识"（规章意识、风险意识、举手意识、纪律意识）、"五个到位"（准备到位、施工到位、测试到位、收尾到位、交接到位）；
4. 学生能够正确实施"工具三清点"，任务实施过程中不出现丢失工具的情况；
5. 学生能按照工卡步骤施工，不出现工作步骤遗漏的情况，具备"九字方针"（看一条、做一条、签一条）意识，诚信记录，按要求签署工卡；
6. 具备安全意识，不做出可能造成航空器/设备损坏、人员受伤的行为。

任务导入

中国日报网 2017 年 7 月 3 日电（妮思娜）　据印度媒体《今日印度》报道，7 月 2 日，从印度巴多格拉飞往新德里的航班 AI880 上的乘客经历了一场惊心动魄的旅程。

从下午 1 点 50 起飞，到下午 4 点 05 降落，两个多小时的旅行中，航班上的乘客都气喘吁吁，呼吸困难，因为飞机上的空调系统坏了。乘客告诉记者，他们在起飞前就已经发现空调系统不起作用，但当他们将此事告知工作人员，得到的答复却是系统将在起飞后开始运行。但是即便起飞后，情况也没有改变。在接下来的两个小时里，封闭的机舱几乎让人窒息，乘客只能依靠手中的报纸或手册不停地扇风。机舱中还有一名哮喘患者，他形容当时的情况说："空调不工作，氧气面罩也没有任何用，我向工作人员要氧气瓶，因为我几乎无法呼吸，但后来我发现，氧气瓶也是空的。"飞机降落后，乘客抱怨印度航空公司无人倾听他们的意见，也没有致歉。印度媒体为此专门联系了专家，专家认为：飞行员不能在空调系统故障的情况下起飞，这相当于将乘客的生命置于危险之中，应该重罚。

由此事件可以看出，飞机气源系统对飞机客运的重要性，因此我们务必要掌握飞机气源系统部、附件的拆装工作流程。

知识准备

一、气源系统的主要功用

气源系统使用增压空气作为动力源,并对增压空气的压力、温度进行调节后送向飞机的气源用户:

(1)发动机起动;
(2)空调增压;
(3)机翼防冰;
(4)水箱增压;
(5)液压油箱增压。

气源系统的用户可以更为广泛,如某些机型液压系统中的手动液压泵、飞控系统中的缝翼气动马达。气源用户系统主要利用气源的高压特性和高温特性,所以压力和温度应尽可能保持恒定,以确保用户系统工作稳定。

二、气源系统的主要部件

飞机气源系统一般包括活门、控制计算机、管路、传感器等部件。气源系统通过这些部件实现压力调节、温度控制及故障监控等功能。

1. 引气压力调节部件

大部分现代飞机的气源系统设计类似,发动机、APU 和高压地面接头均可以通过管路供气到各个用户。

正常飞行时由发动机提供引气。不同阶段下,发动机的功率会不断变化,而功率变化将导致发动机引气压力和温度的变化,为了保证压力和温度的相对恒定,发动机气源系统会在管路上安装压力调节装置来保持恒定压力,这种调节装置称之为引气活门或者压力调节活门。两级供气的发动机,一般在高压级安装可以控制的高压活门(High Pressure Valve,HPV),在低压级安装单向活门防止引起反流。

因为高低压引气的压力不同,只要高压活门打开,就会导致低压级单向活门关闭,反之,高压活门关闭后,低压级单向活门即可打开供气。部分发动机的 HPV 带有调压或限压能力,而低压级的单向活门没有调压功能,所以当低压级供气时,引气压力依靠单向活门下游的引气活门进行调节。HPV 出现故障后,一般都可以人工锁定在关位放行飞机。

因为 APU 工作转速恒定,所以大部分 APU 引气系统不需要专用的压力调节活门,只需安装关断活门(称为 APU 引气活门)用于打开或关闭 APU 引气,关断活门的下游还有一个单向活门用于阻止发动机或地面气源车供气时的反流。部分机型的 APU 引气同样可以进行调节,例如 A320 飞机的 131-9A 型 APU,虽然引气活门只有开位与关位,但 APU 负载压气机的进口导向叶片角度是可调节的,可以通过控制导向叶片角度调整 APU 的引气量。

2. 温度调节

气源系统的温度必须控制在可接受的范围。如果发动机推力增加,那么引气温度就会升高,反之则降低。预冷器可以通过热交换的方式来降低发动机引气温度,预冷器的冷却空气来自发动机风扇气流(也称为外涵道气流),最终的冷却效果取决于风扇冷却空气的流量和环境温度。风扇空气活门是调节冷却气量的装置,通过它实现热引气温度的调节。

3. 分　配

引气通过气源管路输送至各用户或部件。根据管路的位置,分别命名为吊架引气管路、左右机翼引气管路、APU 引气管路和交输引气管路或交输引气总管。

交输引气总管通常位于机身内,连接左右机翼的引气管。交输引气总管上安装有交输引气活门,用于隔离或连接左/右机翼气源管路。渗漏探测系统负责监控引气管路的渗漏情况。

4. 交输引气系统

发动机直接将引气供给相应侧的机翼管路,左右侧的引气管路再通过交输引气系统连接在一起。交输引气系统不仅包含交输引气管路,而且还包括一个或多个交输引气活门。交输引气活门通常为电马达作动活门,无须依靠引气压力即可开关。大部分机型的交输引气活门既可以人工操作,也可以自动操作。A320 飞机采用两个电马达,分别用于自动控制和人工控制,B737 飞机只有一个电马达,通过电路方式实现自动控制与人工控制,B737 称之为隔离活门(isolation valve)。为了提高飞机的放行裕度,交输活门同样可以人工锁定,根据放行需要,可以将交输活门锁定在开位或者关位。

三、飞机气源系统常见维护安全注意事项

(1)不要向气源系统提供超过 60 psi 的压力。如果提供的压力过高,会导致人员受伤和设备损坏。

(2)当 2 号发动机的运转功率高于最小慢车功率时,不要断开飞机的地面气源,否则会导致人员受伤和设备损坏。

(3)在给气源系统增压前,必须首先隔离气源用户系统。如果没有隔离气源用户系统,它们会工作并导致人员受伤和设备损坏,还会导致气源系统失压。

(4)不要拆卸管道内有气压的管道卡环,否则会造成人员受伤和设备损坏。

安全管理

飞机维修实训时须注意以下安全管理事项:

(1)遵守工作规程和操作规范。在开始工作前,要认真阅读和理解工作规程以及操作规范,并在操作期间严格遵守。

(2)确认设备和工具完好无损。在开始维修工作之前,应检查工具和设备是否完好无损,并确保所有设备和工具的使用是安全的。

(3)确保现场安全。在工作过程中要保证现场的安全,如要确保维修区域没有易燃易爆物品和其他危险物品,维修区域应清洁整齐,至少应有 2 个人在现场进行密切监视。

(4)确认人员资质和权利。参与维修工作的人员应有相关技能的资质,并且在进行工作前应进行适当的培训,并配备必备证件和授权书。

(5)符合安全操作要求。在操作过程中,应注意安全操作要求,如应顺时针旋转螺丝,

不应用力过猛，应正确使用工具等。

（6）记录工作细节。在维修过程中要记录维修的细节，如操作步骤，使用的工具和设备，维护的时间和日期等。如果有问题或异常情况发生，应及时记录并通知上级。

（7）严格遵守相关法律法规。在进行飞机维修实训时，要严格遵守相关的法律法规，确保维修过程中不违反安全、环境和劳动法规。

（8）遵守标准化操作程序。在进行飞机维修实训时，应该制定标准化操作程序，保证飞机维修过程符合安全标准，确保所有动作正确、顺序合理，遵循标准程序操作，所有操作流程应简单易懂，并包含关键步骤，由专业人员进行审核并确认后再实施。

（9）确保维修区域的良好通风。飞机维修过程中会产生许多有害气体和粉尘，因此要确保维修区域的良好通风，同时确保员工穿戴防护装备。

（10）保持维修设备的良好状态。修理、保养和测试设备必须维护得足够好，以确保其符合最高的准确性、可靠性和安全性要求，所有设备必须在使用前进行检查，并定期进行维修保养，所有故障设备应尽早报修。

（11）提高人员安全意识。员工必须时刻保持专业警惕、谨慎，服从规定和程序，提高安全意识，互相监督，并在工作中通过自我约束、相互约束来减少事故发生的可能性。

以上安全管理注意事项可以帮助学生提高飞机维修实训的安全性，并减少事故的发生。

工作任务 6-1　B737-500 飞机发动机高压级活门拆装

工作编号：SXPA-48	工作名称：B737-500 飞机发动机高压级活门拆装	
实训课时：2	工作日期：	工作地点：

（1）系统了解：

高压级活门在 ATA100 体系中章节号为＿＿＿＿＿＿＿＿＿＿＿＿＿＿＿＿＿＿＿。

（2）翻译如下标准施工的描述（节选自波音 737-500AMM 手册）：

1. General

A. The high pressure turbine clearance control (HPTCC) system, which consists of a hydraulic actuated valve and connecting tubing to the main engine control (MEC), uses high pressure compressor (HPC) bleed air from the 5th- and 9th-stages to obtain maximum steady-state HPT performance and to minimize exhaust gas temperature (EGT) transient overshoot during throttle bursts.

B. Air selection is determined by fuel pressure signals from the MEC. The bleed air is ducted from the valve to a manifold surrounding the HPT shroud. The temperature of the air controls the thermal expansion of the shroud support structure to optimize the shrouds relative clearance to the HPT blade tips.

（3）在 AMM 手册中找到关于发动机高压级活门拆装的章节号＿＿＿＿＿＿＿＿＿＿＿＿。

在 IPC 手册中找到关于发动机高压级活门拆装的章节号＿＿＿＿＿＿＿＿＿＿＿＿＿＿。

(4)工作前准备：

准备项目	准备工作	完成签署	检查签署
工具和设备	磅表、胶锤、警告牌、保护盖、通用工具箱、标记笔、反推液压控制锁销、反推包皮作动筒锁		
劳保用品	清洁剂[3M 橙香清洁剂（8.5OZ/EA）]、防咬剂（Armite Graphite petrolatum 1LB/CAN）、E形密封圈（AS1895-7-350）		
注意事项	1. 在从气源系统中拆卸部件之前，必须从气源系统中移除压力。高压空气会造成人员伤害或设备损坏。 2. 气流箭头必须在向前方向。作动机构在活门上方，与发动机机匣平行。 3. 确保活门、管路、气源总管正确对齐。 4. 遵守程序进行拆装工作		
授权	获得指导教师工作授权（必检）		*

(5)操作：

操作流程	工作者签署	检查签署
1　准备拆除高压级活门		
1.1　将油门杆置于慢车位，并挂警告牌		
1.2　将起动杆置于关闭位，并挂警告牌		
（**警告**：在从气源系统中拆卸部件之前，必须从气源系统中移除压力。高压空气会造成人员伤害或设备损坏）		
1.3　确保 P5 面板无引气压力		
1.4　置以下开关于关闭位，并挂警告牌		
1.4.1　发动机开关电门		
1.4.2　APU 引气开关电门		
1.5　打开风扇整流罩（参考 PAGEBLOCK 71-11-02/201）		
1.6　插上反推液压控制锁销（参考 TASK 78-31-00-042-001-C00）		
1.7　打开反推（参考 PAGEBLOCK 78-31-00/201）		
1.8　对发推包皮作动筒上锁		
2　拆卸高压级活门		
2.1　断开控制口减压器信号管接头		
2.2　标记高压级活门卡箍在气源总管的位置		
2.3　拆除连接高压活门和气源总管的卡箍		
2.4　拆除高压活门		

续表

操作流程	工作者签署	检查签署
2.5　拆除两个E形密封圈		
3　安装高压级活门		
3.1　用通用溶剂去清洁高压级活门和气源总管的结合面		
3.2　安装前，检查每个E形密封圈是否有裂缝、凹痕或其他损坏		
3.3　如果E形密封圈损坏须进行更换		
3.4　在高压级活门的法兰盘上安装一个E形密封圈		
3.5　在气源总管的法兰盘上安装一个E形密封圈		
3.6　将高压活门放在气源总管和下游管道的正确位置		
（**注意**：气流箭头必须在向前方向。作动机构在活门上方，与发动机机匣平行）		
3.7　安装卡箍		
3.7.1　用手拧紧卡箍		
3.7.2　确保在拆卸的过程中卡箍与之前所做的标记对齐		
3.7.3　确保活门不会触碰发动机的零部件		
（**注意**：高压级活门前卡箍和活门作动机构的间隙必须满足）		
3.7.4　卡箍磅力矩调至95～110磅·英寸		
（**注意**：确保活门、管路、气源总管正确对齐）		
3.8　涂上一层薄的防咬剂到控制口减压器的螺纹上		
3.9　安装控制口减压器接头		
3.10　确保高压级活门没有触碰发动机的其他零部件		
3.11　确保高压级活门的人工锁组件处于正确状态（参阅与锁相邻的标牌）		
3.11.1　拧松超控固定螺钉		
3.12.2　从活门拔出超控		
3.12.3　拧紧超控		

参考图：

图6-1　高压活门关闭状态

图6-2　高压活门打开状态

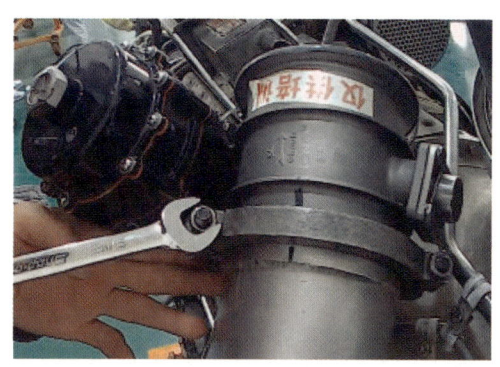 

图 6-3　活门卡箍　　　　　　　　图 6-4　管路连接螺母

B737-500 飞机发动机高压级活门拆装

(6) 完工状态：

工作结束后的检查和场地恢复	工作签署	检查签署
1. 检查各个指定位置保险装置安装的状态，避免出现错装、漏装的现象		
2. 清点、检查工具的状态和数量，并将工具归还至指定位置		
3. 清点、检查剩余的耗材，并将其归还至指定位置		
4. 检查、清理工作场地，确保工作场地中没有遗留任何多余物		
5. 获得指导教师完工签署		*

工作任务 6-2　发动机放气活门的拆装

工作编号：MEP-R/I-15	工作名称：发动机放气活门的拆装	
实训课时：2	工作日期：	工作地点：

（1）系统了解

发动机空气系统在 TAT100 体系中章节号为_____。

（2）翻译如下发动机空气系统的描述（节选自波音 737-500AMM 手册）：

The engine air systems are comprised of:

(1) Forward and Aft Bearing Sump Pressurizing

(2) Accessory Cooling, AMM 75-20-00

(a) Engine External Accessories Cooling, AMM 75-21-00

(b) High Pressure Turbine Clearance Control System, AMM 75-24-00

(3) Compressor Control

(a) Variable Stator Vane Actuation System, AMM 75-31-00

(b) Variable Bleed Valve System, AMM 75-32-00

(c) Bleed Bias Sensor System, AMM 75-33-00

(d) 5th-Stage Start Bleed System, AMM 75-34-00

（3）在 AMM 手册中找到关于调速器组件拆装的章节号_____。

在 IPC 手册中找到关于调速器组件的章节号_____。

（4）工作前准备：

准备项目	准备工作	完成签署	检查签署
工具和设备	常用拆装工具箱、力矩扳手		
劳保用品	手套、垫片、密封圈、保险丝		
注意事项			
授权	获得指导教师工作授权（必检）		*

（5）操作：

操作流程	工作者签署	检查签署
1. 拆卸放气活门		
（1）拆除放气活门的通气导管的保险丝		
（2）拆下通气导管的固定螺帽		
（3）拆除放气活门的六个固定螺栓保险片		
（4）拧下六个固定螺栓		
（5）用木榔头轻轻敲击放气活门外壳，将放气活门取下		
（6）取下放气活门座的钢质垫片		
（7）检查机匣接合面的情况，并确定机匣外无异常		*
（8）用堵盖或毛巾封堵活门安装座		
2. 安装放气活门		
（1）检查放气活门外表的完好性		
（2）检查放气活门的弹簧完好性及活门的封严情况		
（3）检查放气活门安装座		
（4）检查六个固定螺栓的完好性		
（5）取下堵盖或毛巾，更换新的钢质垫片		
（6）将放气活门装回，更换新的保险片，并紧到适当的紧度		
（7）使用力矩扳手对所有的螺帽进行对角紧固定力（力矩：20磅·英寸、2.3 N·m）		*
（8）打好6个保险片		
（9）安装好通气导管并打好保险		*

参考图：

图 6-5　打保险位置

发动机放气活门的拆装

（6）完工状态：

工作结束后的检查和场地恢复	工作签署	检查签署
1. 检查各个指定位置保险装置安装的状态，避免出现错装、漏装的现象		
2. 清点、检查工具的状态和数量，并将工具归还至指定位置		
3. 清点、检查剩余的耗材，并将其归还至指定位置		
4. 检查、清理工作场地，确保工作场地中没有遗留任何多余物		
5. 获得指导教师完工签署		*

课后提升

飞机的引气来源有发动机、APU（辅助动力装置），还有地面气源。飞机在空中时，引气主要来自发动机。在空中时，空气会经过风扇进入发动机的低压压气机，经过压缩后，进入高压压气机，再次压缩后进入燃烧室，燃烧产生能量从而转动发动机，而发动机的引气就是来自高压压气机的 5 级和 9 级，也称为低压级引气和高压级引气（高压压气机一共有 9 级）。

那飞机究竟是使用 5 级引气还是 9 级引气呢？

当发动机在低转速时，气源系统使用 9 级引气，因为此时 5 级引气不能满足气源系统的需求，而当发动机达到高转速时，9 级活门关闭，5 级活门打开，由 5 级活门供气，这样可以节省燃油。这个功能是由高压调节器控制的。经过 5 级、9 级活门的引气来到压力调节器（BAR）和关断活门（PRSOV），由压力调节器和关断活门来控制发动机到气源总管的空气流量。

这些引气到底有什么作用呢？

第一，引气最大的作用就是给飞机增压和调节温度，当然这需要经过一套空调系统后才会供给客舱。第二，可以用于起动发动机，起动发动机前先用引气带动发动机转子，为喷油点火前做准备。第三，可以为大翼和发动机进气整流罩用引气加热，防止结冰。第四，可以为液压油箱增压（液压系统就像人类的肌肉，可以控制飞机的各个舵面，而液压油箱就是储存液压油的地方），为液压油箱增压的目的在于使油更顺畅地进入液压泵，并且减少气泡的产生，避免损坏液压泵。第五，为飞机的水系统增压，也就是为水箱增压。

模块 7 典型飞机空调与增压系统的维护

模块 7　典型飞机空调与增压系统的维护

教学目标

【知识目标】

1. 学生能够了解飞机空调与增压系统的工作原理；
2. 学生能够说出进行飞机空调与增压系统维护的操作要点和注意事项。

【技能目标】

1. 学生能够合理规范使用工具进行空调与增压系统维护工作；
2. 学生能够规范进行飞机空调面板组件拆装。

【素养目标】

1. 学生要具备精益求精、严谨专注、耐心坚持、专业敬业的民航工匠精神；
2. 具备严谨、专业、诚信的维修作风；
3. 学生能够做到"三个敬畏"（敬畏生命、敬畏规章、敬畏职责）、"四个意识"（规章意识、风险意识、举手意识、纪律意识）、"五个到位"（准备到位、施工到位、测试到位、收尾到位、交接到位）；
4. 学生能够正确实施"工具三清点"，任务实施过程中不出现丢失工具的情况；
5. 学生能按照工卡步骤施工，不出现工作步骤遗漏的情况，具备"九字方针"（看一条、做一条、签一条）意识，诚信记录，按要求签署工卡；
6. 具备安全意识，不做出可能造成航空器/设备损坏、人员受伤的行为。

任务导入

根据纪录片《空中浩劫第四季》第 10 集的记录，太阳神航空 522 号班机空难发生于 2005 年 8 月 14 日，一架塞浦路斯的太阳神航空（Helios Airways）波音 737-300 客机，班次为 ZU-522（HCY 522），机身编号为 5B-DBY。此架飞机在 1997 年 12 月首航，是使用不到十年的新飞机，于希腊当地时间 12 时 04 分在雅典东北方的马拉松及伐那法斯（Varnavas）之间的山脉坠毁，机上 115 名乘客及 6 名机组成员全部罹难。塞浦路斯政府为此次空难举国哀悼 3 天。

飞机起飞不久，就报告说空调系统出现问题，10 时 30 分与地面失去联系。11 时 18 分希腊空军派出的两架 F-16 战斗机飞行员在 34 000 英尺高空发现飞机，并看到班机副机师趴在驾驶舱的仪表板上不省人事，而另一名驾驶员不见踪影，无人操控下的飞机耗尽燃料后坠毁。机尾首先触地，机身翻滚了 500 米后停下，除了机尾及驾驶舱尚保持完整外，全机已成为碎片。

据调查报告指出，机务在做完机舱加压测试后，忘记把加压掣从"手动模式"变回"自动模式"，而飞行员未察觉。当飞机以"自动驾驶模式"爬升超过 15 000 英尺后，因机上的加压系统处于手动模式而未能自动为机舱加压，空气稀薄，氧气不足，乘客与机组因缺氧而晕倒。

由此案例可看出空调与增压系统维护工作的重要性及严谨性。

知识准备

空调系统确保客舱内有合适的压力以维持生命，为客舱提供通风，并使其温度保持在舒适的范围。

一、空调系统的功能

空调系统调节后的空气必须满足以下 5 条物理特性：
（1）新鲜；
（2）清洁；
（3）舒适的温度；
（4）合适的湿度；
（5）合适的压力。

二、空调系统的组成

空调系统的组成包括：
（1）温度控制系统；
（2）座舱空气分配系统；
（3）通风与加热系统；
（4）设备冷却系统；
（5）座舱增压系统。

进入空调系统的空气首先经过组件活门，通过组件活门后，空气被两个或多个相同的组件冷却，并在此区域进行温度和湿度的基本调节，空调组件为本系统的核心。随后，空调系统将经过处理后的冷却空气与气源系统的热空气混合，为机舱提供调温空气。空调系统也为驾驶舱面板、电瓶和电子设备架的冷却提供必要的通风空气。空气进入座舱后，通过调节外流活门开度确保飞机在整个飞行包线内，其座舱压力均符合要求。

空调组件位于机腹整流罩内。混合组件位于前货舱后壁板。空调控制面板位于驾驶舱头顶板。在驾驶舱头顶板上也有相应的系统指示。组件和区域控制器位于电子设备舱内。地面低压接头位于机身下部的一个盖板内。

三、空调控制面板的功能

机组通过空调控制面板控制空调系统。空调控制面板一般包含组件电门、区域温度选择旋钮、空调流量控制电门和热空气控制电门。部分机型还安装有通风控制面板，用于控制通风系统和再循环系统等。

空调系统的供气管道、客舱及组件出口的温度等参数可以通过面板上的指示器来监控。当相应座舱区域温控系统出现故障时，相应的区域温度灯点亮，为机组提供警告。

驾驶舱增压系统相关面板，可以显示增压系统的压差、变化率和座舱高度数据，同时还能显示外流活门的状态。

四、典型飞机空调与增压系统维护安全注意事项

（1）警告：确保机身上有空气出气口。如果没有出气口，客舱将会增压，这会导致人员受伤。

（2）告诫：飞机空调冷却组件和地面空调气源不能同时工作。如果同时使用地面空调气源，飞机空调冷却组件无法控制空气温度，同时还会导致设备损坏。

（3）警告：后外流活门由马达作动。后外流活门在地面工作时，不要将手和工具插入活门，否则会导致人员受伤和设备损坏。

（4）告诫：确保断开飞机电源。设备通风系统不工作时，接通飞机电源会使电子电气设备过热，这会导致设备损坏。

安全管理

（1）穿正确的工作服，佩戴防护帽和防护镜。

（2）戴防护镜、防护手套，选择正确的工具。

（3）工作时要精神集中，防止工具夹伤手指，防止扳手滑移掉地。

（4）工作时，注意相互的施工空间，将杂物及时进行清理。

（5）拆卸保险丝时，防止保险丝扎伤，确保拆卸的保险丝完整。

（6）保持工具的清洁，防止导致零件表面产生毛刺。

（7）避免保险丝划伤零件。

（8）正确使用并爱护工具。

（9）拆装和装配批量紧固件时，注意检查零件质量。

（10）及时油封工具的工作面，避免腐蚀改变工作面，损坏零件。

（11）及时更换不合格的工具。

（12）工作场地要保持清洁，避免杂物乱放，防止绊倒。

（13）避免工具碰伤、划伤零件。

（14）保持施工场地清洁、整齐。

（15）施工完毕后，检查施工质量，进行互查和专门检查。

（16）规范施工：熟悉各项基本技能的标准操作规范，明确施工重点和质量要求，严格按照工艺工卡规范施工；明确安全要素和注意事项，保障飞机及发动机安全可靠工作。

任务实施

工作任务 7-1　飞机空调面板组件拆装

工作编号：MEP-R/I-15	工作名称：飞机空调面板组件拆装	
实训课时：2	工作日期：	工作地点：

（1）系统了解：

空调系统在 ATA100 体系中章节号为＿＿＿＿＿＿＿＿＿＿＿＿＿＿＿＿＿＿＿＿。

（2）翻译如下空调温控系统的描述（节选自波音 737-500AMM 手册）：

Conditioned air temperature control covers that portion of the air conditioning system which starts, regulates, and shuts down air conditioning equipment to provide a selected temperature in the control and passenger cabins. Two sets of controls are provided. One set controls the left mix valve for control cabin temperature regulation. The other controls the right mix valve and provides for the passenger cabin. Normally each system functions automatically according to selections made on the forward overhead panel. Separate manual control systems are provided as an alternate method for raising or lowering control and assenger cabin temperature。

（3）在 AMM 手册中找到关于拆装空调温度控制面板的章节号＿＿＿＿＿＿＿＿＿＿＿＿。

在 IPC 手册中找到关于空调温度控制面板的章节号＿＿＿＿＿＿＿＿＿＿＿＿＿＿＿＿。

（4）工作前准备：

准备项目	准备工作	完成签署	检查签署
工具和设备	插头钳、警告牌、插头保护盖、通用工具箱		
劳保用品	手套、手电		
注意事项	1. 小心空调面板或组件掉落砸到头或设备。 2. 注意不要将工具掉在驾驶舱		
授权	获得指导教师工作授权（必检）		*

（5）操作：

操作流程	工作者签署	检查签署
1　拆除空调面板组件		
1.1　拔出相应跳开关并挂警告牌		
1.2　P6 主电源分配板 P6C4 左空调活门放置在关断位 P6C4 AIR CONDITIONING VALVE L P6C3 右空调活门放置在关断位 P6C3 AIR CONDITIONING VALVE R		
1.3　在驾驶舱，放下 P5 头顶板，在前头顶板上接近 P5-17 空调面板组件		
1.4　断开电插头		
1.5　松开空调面板组件的紧固件		
1.6　拆卸空调面板组件（必检）		*
2　安装空调面板组件		
2.1　将空调面板组件放入头顶板的适当位置		
2.2　拧紧空调面板组件边上的紧固件		
2.3　连接电插头		*
2.4　抬起（关闭）P5 头顶板		
2.5　取下警告牌，关闭闭合跳开关		
3　恢复		
3.1　移除气源		
3.2　置 APU 引气电门于 OFF 位置		
3.3　如不需要，断开电源		

参考图：

图 7-1　空调控制面板

飞机空调面板组件拆装

（6）完工状态：

工作结束后的检查和场地恢复	工作签署	检查签署
1. 检查各个指定位置保险装置安装的状态，避免出现错装、漏装的现象		
2. 清点、检查工具的状态和数量，并将工具归还至指定位置		
3. 清点、检查剩余的耗材，并将其归还至指定位置		
4. 检查、清理工作场地，确保工作场地中没有遗留任何多余物		
5. 获得指导教师完工签署		*

相关扩展工作：

有条件的教员可以带领学生在拆装空调温控面板后对其进行功能测试。

注意：该测试如果操作不当，有可能造成设备损坏和人员伤害。

建议该测试由教员执行，学生进行观摩熟悉（主要结合空调系统原理进行讲解）。

测试程序（需严格按照 747CLAMM：21-61-01-864-001）

1 飞机上电（根据 PAGEBLOCK24-22-00/201）

2 确保 P6-3 面板上一下跳开关闭合

    2.1 主警戒 MASTER CAUTION（除了 FUEL，如果装有）

    2.2 指示灯、主暗亮汇流条 INDICATOR LIGHTS, MASTER DIM BUS（9 位置）

    2.3 暗亮测试 DIM&TEST（1 位置）

    2.3 前起落架空地 NOSE GEAR AIR/GND

    2.4 起落架空地继电器和灯 LANDING GEAR AIR/GND RELAY&LTS

3 确保所有空调和气源系统的跳开关闭合

4 确保 P5-10 面板上冲压门全开，RAM DOOR FULL OPEN 灯亮

5 确保 P5-10 面板上左空调组件 L PACK 和右空调组件 R PACK 电门在 OFF 位置

6 短时置 P2-1 中央仪表板灯光电门 LIGHTS 于 TEST 位置，并确保灯亮起后熄灭

    6.1 自动失效 AUTO FAIL

    6.2 非计划下降 OFF SCHED DESCENT

    6.3 备用 STANDBY

    6.4 人工 MANUAL

    6.5 左右空调组件灯 L AND R PACK LIGHTS

    6.6 左右引起关闭 L and R BLEED TRIP OFF

    6.7 双引起 DUAL BLEED

7 做过热指示系统测试

    7.1 在 P5-10 面板按压过热测试 OVHT TEST 电门

    7.2 确保机翼过热 WING-BODY OVERHEAT 灯亮

8 做再循环风扇测试

    8.1 在 P5-10 面板置再循环风扇 RECIRC FAN 电门于 AUTO 位置

    8.2 确保在客舱能够探测到气流

    8.3 置再循环风扇 RECIRC FAN 电门于 OFF 位置

9 做空调系统增压测试(在模拟机上进行增压测试)

    9.1   接气源(参考 PAGEBLOCK 36-05-00/20)

    9.2   确保隔离活门 ISOLATION VALVE 电门于 CLOSE 位置

    9.3   置 APU 引气电门于 ON 位置

    9.4   确保有压力计有指示

    9.5   置左空调组件 L PACK 电门于 AUTO 位置

    9.6   确保压力计指示下降

    9.7   置左空调组件 L PACK 电门于 OFF 位置

    9.8   置隔离活门 ISOLATION VALVE 电门于 OPEN 位置

    9.10 置右空调组件 R PACK 电门于 AUTO 位置

    9.11 确保压力计指示下降

    9.12 置右空调组件 R PACK 电门于 OFF 位置

工作任务 7-2　B737-500 飞机空气交换器拆装

工作编号：SXTA-48	工作名称：B737-500 飞机空气交换器拆装	
实训课时：2 课时	工作日期：	实习工位：飞机施工工位

（1）系统了解：

空调系统在 TAT100 体系中章节号为_____。

（2）翻译如下空调系统的描述（节选自波音 737-500AMM 手册）：

The ground conditioned air connection duct is installed below the mix bay. Access to the duct is through the ground conditioned air access door on the outside of the airplane. The function of the duct is to provide a connection for a supply of external conditioned air. C.The check valve duct is installed in the mix bay just forward of the air conditioning bays. The function of the check valve duct is to let conditioned air from an external source to be put into the distribution system and also to seal the distribution system when external conditioned air is not being used.

（3）选择 B737-500 型飞机的适当手册，找到拆装空气热交换器的施工章节。

章节号：_____。

选择 B737-500 型飞机的适当手册，找到拆装空气热交换器的件号。

件号：_____。

（4）工作前准备：

准备项目	准备工作	完成签署	检查签署
工具和设备：	1 m 工作梯 1 个、通用工具箱 1 个		
劳保用品	保险丝（MS20995C32）1 卷、堵盖（可用胶带代替）若干、护目镜 1 个		
注意事项	1. 保险装置操作中必须佩戴护目镜，防止操作中伤到眼睛； 2. 保险丝为一次性消耗品，禁止重复使用； 3. 及时封堵开口区域，避免进入外来物		
授权	获得指导教师工作授权（必检）		*

(5)操作:

操作流程	工作者签署	检查签署
1 准备工作		
1.1 清点工具,确认工具处于正常状态		
1.2 清点耗材,核对耗材的件号和数量		
1.3 检查航空器中操作区域,如发现异常状态,尽快向教员如实汇报		
1.4 清理工作场地,清除场地中的多余物		
2 拆卸热交换器		
2.1 参考 AMM 71-10-01 拆下发动机整流罩		
(警告:任何操作之前,确保发动机、排气管道及总管是冷却的,否则,采取必要措施来避免严重烫伤)		
2.2 从热交换器上松开卡子,断开热空气软管,用堵盖封住开口区域		*
2.3 从卡子上剪掉保险丝		
2.4 松开并拆下卡子,拆下热交换器		
3 检查热交换器		
3.1 检查热交换器、排气管路及其他管路状况,更换有任何缺陷的部件		
4 安装热交换器		
4.1 在排气管路上定位对准热交换器		
4.2 安装并拧紧卡子		
4.3 在卡子螺钉上打保险丝		
4.4 拆下堵盖,并安装热空气软管及卡子,拧紧卡子		
4.5 确保所有工具及物品被清理,工作区域干净、无外来物		
4.6 参考 AMM 71-10-01 安装发动机整流罩		

(6)完工状态:

工作结束后的检查和场地恢复	工作签署	检查签署
1. 检查各个指定位置保险装置安装的状态,避免出现错装、漏装的现象		
2. 清点、检查工具的状态和数量,并将工具归还至指定位置		
3. 清点、检查剩余的耗材,并将其归还至指定位置		
4. 检查、清理工作场地,确保工作场地中没有遗留任何多余物		
5. 获得指导教师完工签署		*

课后提升

民航客机普遍巡航高度都在 6 000 m 以上，人体直接暴露在这个高度下只能维持 5～10 min 的有效意识，接着就会因为缺氧、低温进入休克。而增压系统就把飞机变成了一个"空中供氧房间"，是我们安全的屏障。对于这个系统，我们需要了解以下几点。

1. 飞机由什么增压

1) 空调组件

空调组件不但可以调节客舱温度，还通过"充气"为飞机提供增压。这里可以把飞机想象成一个"气球"，而组件就是那个打气筒，源源不断地充气。

2) 外流活门

飞机强度是有极限的，就像气球，一直吹气不排气就会炸开。所以就有了外流活门，通过调整外流活门放气，以维持稳定的座舱高度。

（1）两个正释压活门：当飞机内外正压差达到 8.95 psi 时，正释压活门打开，防止飞机结构受损。

（2）一个负释压活门：弹簧活门，当负压超过 -0.1 psi 时打开，防止外界压力大于机舱内部压力。

2. 三种控制方式

外流活门的打开由自动、备用、人工三种方式来控制。

1) CPC（控制自动、备用方式）

B737 有两个 CPC，分别作为自动和备用方式的控制器。CPC 的全称是座舱压力控制器（Cabin Pressure Controller），位于电子设备舱中。主要包含两个部分：上半部分通过传感器接收 ADRIU、SMYDC 和空地传感器提供的信息；下半部分根据接收到的信息，用电动马达来控制外流活门的开度。值得一提的是，B737 的两个 CPC 实行"轮流值班制"，落地后自动切换另一个 CPC 工作。当把增压方式选择器选到"备用位"时，就会换成备份的 CPC 来控制增压。

2) 人工

"人工位"，顾名思义，就是人工控制外流活门。使用人工位操作时需要注意，外流活门的开度是需要根据座舱高度随时变动的，千万不要一直放到"全关位"不管了，这个错误在模拟机训练中特别常见。

3. 自动增压方式剖面

在前顶板上有两个高度数值，一个是巡航高度，另一个是着陆高度。巡航高度的数值调定决定了飞机增压系统什么时候进入巡航方式，而着陆高度面板则决定了飞机着陆前的目标座舱高度。

对两个名词进行讲解：

预增压：指飞机在起飞前滑跑和着陆阶段将座舱压力增加到比起飞/着陆高度高一点，为了防止起飞着陆期间旅客的不舒适和压力颠簸。

ΔP：当增压巡航方式工作时，CPC 会根据巡航高度不同保持不同的内外压差。

增压的 5 个阶段：

（1）起飞预增压阶段：这是系统增压的开始，系统会将座舱增压到低于场压高度 0.1 psi 的座舱高度。

当满足下列条件时，飞机进入起飞预增压阶段：

① 两台发动机低压转子转速（N_1）至少在 60%以上 1.5 s；

② 两台发动机高压转子转速（N_2）至少在 89%以上 1.5 s。

（2）爬升阶段：在空中，自动控制器在飞机和座舱高度之间保持一定比例的压差，通过一个与飞机爬升率成比例的升降率增加高度，使座舱高度变化率保持至所需的最小升降率，其实质是控制好放气的节奏，不要放得太快。

（3）巡航阶段：当飞机巡航高度与飞行高度面板的高度相差在 0.25 psi 时，增压进入巡航方式。控制器控制外流活门保持 ΔP 的压差。

ΔP 的具体数值见表 7-1。

表 7-1　ΔP 的数值

所选的飞行高度	压差限制
在或低于 28 000 英尺	7.45 psid
28 000 英尺到 37 000 英尺	7.80 psid
高于 37 000 英尺	8.35 psid

（4）下降阶段：当飞机的巡航高度下降到低于巡航高度 0.25 psi 的高度时，增压进入下降方式。

下降阶段是一个增压阶段，飞机的外流活门会缓慢关闭增压，以缓慢降低飞机的座舱高度。

（5）着陆预增压阶段：与起飞预增压相似，系统会在着陆前将机舱增压到高于着陆机场 0.15 psi，以保证旅客的舒适度。

停机后，外流活门会完全打开，宣告增压阶段结束。

外流活门完全打开必须满足下列所有条件：

（1）空地系统指示在地面；

（2）两台发动机 N_1 小于 50%至少 1.5 s（或两发关车）；

（3）两台发动机 N_2 小于 80%至少 1.5 s（或两发关车）。

4. 显示与控制逻辑

1）常见故障：自动失效+备用

当自动失效灯和备用灯同时亮起时，说明一个主用的 CPC 失效了，并且备用的 CPC 自动进入工作状态。

这时增压还是可以自动维持的，检查单要求我们把增压方式选择器放在备用位。

2)常见故障:自动失效

单独的自动失效灯亮起,说明两个 CPC 都不工作了。这时必须由机组人工控制外流活门的开关来控制巡航高度。

要注意的是,人工控制外流活门必须在起落航线高度将飞机完全释压。如果忘记可能导致落地后打不开舱门。

模块 8　典型飞机设备和装饰的拆装与维护

模块 8　典型飞机设备和装饰的拆装与维护

教学目标

【知识目标】

1. 学生能够了解飞机主要设备和设施的分类及分布；
2. 学生能够说出进行飞机设备与装饰拆装维护的操作要点和注意事项。

【技能目标】

1. 学生能够合理规范使用工具进行拆装工作；
2. 学生能够规范进行飞机座椅拆装流程。

【素养目标】

1. 具备责任意识，能够积极承担属于自己的责任和使命，具有敢于担当的精神。
2. 热爱自己的工作，能够把聪明才智用到工作中。
3. 具有专注意识和标准意识。
4. 具有一定的创新意识，能够结合自己的工作实际，创新工作内容和方法。

任务导入

2008 年 5 月 30 日，载着北京奥运圣火的专机——"福娃号"降落在武汉天河国际机场，一亮相就吸引了众人的眼球。"福娃号"整体设计风格简洁活泼，每侧 5 个福娃分别代表中国雅典奥运会获得金牌的项目，这架专机是波音 737-800，客舱里最大亮点就是右侧 11A—C 座位被拆除，建了专门的箱子，放置奥运圣火火种。圣火"专座"是个长方体箱子，牢固"站在"客舱，有 1 m 高，有两个空心圆筒，可插入两个圣火火种灯，箱子外面特别安置一个灭火器，确保火种在空中运输过程安然无恙。依据航空规定客舱内不许有明火，2 个燃烧圣火火种灯经过特殊处理，人员闻不到燃烧的气味，也没有打开，客舱存放是非常安全的。正是有无数默默付出辛苦勤劳的机务人员，我们的奥运圣火传递之路才能跨越千山万水，任务才能圆满完成。

知识准备

飞机上的设备和设施主要位于飞机的驾驶舱、客舱及货舱。机舱设备和设施可以为机组和乘客提供安全舒适的工作生活环境，并且用于装卸和存放货物，以及在紧急情况下保证乘客和机组的安全。

一、驾驶舱座椅及主要设备

驾驶舱设备设施的设计需要重点考虑机组人员操控飞机时的安全性、便捷性及舒适性等特点。驾驶舱座椅的基本构型是：一个正驾驶座椅、一个副驾驶座椅和一个第三观察员座椅。部分机型还可以选装可折叠的第四观察员座椅。

正驾驶和副驾驶座椅安装固定在驾驶舱地板之上，两个座椅采用镜像对称设计，可通过相同的电动或手动方式进行垂直、水平、俯仰等调节。另外，为了进一步提高舒适性，还可对驾驶员腰垫的前、后、上、下方向，以及内外扶手角度进行手动调节。座椅上一般采用高强度的五点式安全带，以确保机组人员承受得住飞行过程中产生的任何过载。座椅后背上有一个控制手柄，可用于锁定安全带伸缩装置。

观察员座椅通常采用可收纳式设计，可以向上折叠以及水平移动。从收藏位打开座椅时，需要按压座椅解锁手柄。若要检查头枕后部跳开关面板，首先要解锁头枕，并将其向下折叠。座椅下部存放有救生衣。

二、客舱主要设备与装饰

客舱设备设施主要分布在公共区域和座位区域。公共区域设备设施包括客舱乘务员座椅、厨房、卫生间以及一些辅助设备。座位区域设备设施主要包括头等舱旅客座椅、经济舱旅客座椅、头顶行李箱、旅客服务信息组件。现代飞机客舱布局可以根据航空公司需要选用不同构型。国内航空公司选用最多的几种构型：一种构型客舱前部为头等舱，客舱后部为经济舱；另一种构型全部为经济舱；另外，国际航线宽体客机，一般采用三舱布局构型，包括头等舱、商务舱和经济舱。

乘务员座椅包括铝制结构、坐垫、背垫、头枕、储物盒和安全带。当不使用乘务员座椅时，弹簧可将其收起。座椅坐垫可以被拆卸下作为漂浮设备使用。座椅下方的储存盒里有救生衣和应急手电筒。

旅客座椅安装在客舱地板结构的座椅轨道上。旅客座椅主要包括座椅结构架、坐垫、靠垫、头枕、扶手、安全带、折叠小桌板、书报夹和救生衣存放袋。每个座椅下方有一个救生衣，储存在救生衣存放袋里。座椅下方安装有行李挡杆，当座椅下方存放行李时，挡杆可防止行李向前滑动。座椅扶手处有座椅调节按钮，用于调节座椅靠背角度。

三、货舱主要设备与设施

现代飞机货舱一般位于客舱地板下方，通常分为前货舱、后货舱和散货舱。前后货舱可以装载标准集装箱和货盘打包货物。散装货舱一般装载旅客行李箱以及小件打包货物。部分机型还可以在前后货舱选装半自动货舱装载系统，地面勤务人员可通过货舱门旁的控制面板进行操作。除此以外，货舱还有固定散装货物的货网、绳索和固定点等设备。

四、典型飞机设备与装饰系统维护安全注意事项

（1）人员、设备和其他物品要远离滑梯释放危险区域，否则会造成人员受伤和设备损坏。

（2）确保束缚杆安装在束缚杆固定器中。如果束缚杆未安装在束缚杆固定器中，逃生滑梯可能会意外释放，导致人员受伤或设备损坏。

（3）拆下滑梯组件盖子前，先在滑梯充气瓶上安装安全销。如果没有安全销，逃生滑梯可能会意外充气。如果滑梯意外释放，会造成人员受伤和设备损坏。

（4）当逃生滑梯被安装到飞机上时，销钉必须被取下，以使滑梯会在紧急情况下可用。

安全管理

（1）操作前要熟悉操作程序、要领和注意事项，以及工具的使用方法。

（2）操作时应当着制式服装，操作前检查纽扣钉缀是否牢靠，衣兜内是否有容易滑出、掉落的物品。

（3）在开始操作前和操作结束后都要清点工具，防止工具遗留在飞机和发动机上。

（4）从飞机和发动机上拆卸带管路的部、附件后，应当用专用堵盖、罩布将管口堵好、盖严，防止东西掉入。

（5）在操作过程中，严禁踩踏管路和电气设备，不得抓扯电气线路，不准把部、附件和导管当支点进行借力操作。

（6）拆装机件过程中，要防止机件在分离和组合时脱落造成伤人损物。

（7）对易装错的接头、导管、电缆插头、导线，拆开前和分解时应当做好明显的安装、定位标记，复杂部位必须有对接图案或标签。

（8）防止腐蚀性液体掉在座舱有机玻璃、密封胶带及胶套等部件上。

> 任务实施

工作任务 8-1　B737-500 飞机客舱座椅作动筒拆装

工作编号：SXPA-48	工作名称：B737-500 飞机客舱座椅作动筒拆装	
实训课时：2	工作日期：	工作地点：

（1）系统了解：
B737-500 飞机客舱座椅作动筒拆装在 ATA100 体系中章节号为＿＿＿＿＿＿＿＿＿＿。
（2）在 AMM 手册中找到飞机客舱座椅作动筒拆装的章节号＿＿＿＿＿＿＿＿＿＿。
在 IPC 手册中找到飞机客舱座椅作动筒拆装组件的件号＿＿＿＿＿＿＿＿＿＿。
（3）工作前准备：

准备项目	准备工作	完成签署	检查签署
工具和设备	登机梯、通用工具箱		
劳保用品	手电（按需）、手套		
注意事项	1. 2 m 以上的工作梯上工作要系安全带。 2. 正确操作门，小心滑梯放出		
授权	获得指导教师工作授权（必检）		*

（4）操作：

操作流程	工作者签署	检查签署
1　选择合适的登机梯，推登机梯靠近飞机		
1.1　使用登机梯前详细阅读其铭牌，明确其载重限值及相关使用说明		
1.2　使用前对登机梯进行检查，确保其完好可用，无损伤		
1.3　向上提解锁手柄，梯子可移动		
1.4　双手分别推两边扶手推动梯子，推动过程中注意是否会发生碰撞		
1.5　即将到位时减速，观察摆放位置合适，距离飞机一定距离后停止推梯子		
1.6　观察梯子下尤其是支腿下没有人员、工具、设备等		
1.7　锁梯子并检查是否制动良好		
2　从外部打开右前登机门		
（**警告**：在维护平台上操作门时要小心，在小的平台区域和恶劣的天气条件下不容易操作舱门，且可能发生人身伤害和损坏设备）		

续表

操作流程	工作者签署	检查签署
2.1　通过观察窗检查警示带，确保滑梯杆没有与地板安装的逃生滑梯支架接触		
（**警示**：不要在风速超过40节的情况下操作舱门。在风速超过65节的情况下，不要让门一直开着。强风会对飞机的结构造成破坏）		
2.3　将外把手顺时针旋转180°打开舱门		
（**注意**：当顺时针旋转手柄180°时，滚子与锁槽分离）		
（**注意**：门的初始运动是向内的）		
2.4　将外部把手放回门凹处		
2.5　开门时旋转门置于抬起位置		
（**警告**：当门移动到开启位置时，向后移动。如果不向后移动，可能会被门撞到，发生损伤）		
2.6　使用门辅助把手将门向外并向前拉出，直到保持在打开的机械位置，门保持在全开位置		
（**注意**：全开时，门与机身平行）		
（**警告**：不要使用警示带来支撑人的重量。安装在门上的警示带只是用来观察门是否打开指示并不能支撑人，如果用警示带来支撑体重，可能会从门里掉下去而受伤）		
2.7　将警示带横在开门处		
3　拆除靠背作动筒		
3.1　将靠背置于完全直立的位置，以消除作动筒钢索的张力		
3.2　从作动筒的螺纹端拆下钢索卸驱动器上的夹子，保留以便重复使用		
3.3　拆卸固定作动筒到靠背倾斜臂的螺丝、垫圈和螺母，保留以便重复使用		
3.4　从作动筒的螺纹端拆卸安全螺母和垫圈，保留以便重复使用		
3.5　从作动筒上拆卸垫圈和安全螺母，保留以便重复使用		
4　安装作动筒		
4.1　安装安全螺母和垫圈到作动筒		
4.2　将作动筒安装到扶手支架中		
4　安装垫圈和安全螺母		
4.4　安装作动筒安装到靠背倾斜臂上螺丝、垫圈和螺母		
4.5　将钢索作动器安装到作动筒的螺纹端		
4.6　测试操作		
5　从外部关闭右前登机门		
（**警告**：在维修平台操作门时要小心，在小的平台区域和恶劣的天气条件下不容易操作舱门，且可能发生人身伤害和损坏设备）		

续表

操作流程	工作者签署	检查签署
5.1　确保取下警示带		
5.2　解开防风锁		
5.3　拉门上的辅助把手移动门置于抬起的位置		
（**注意**：缓冲器将门停止在抬起的位置）		
5.4　从凹槽中拉动把手		
5.5　逆时针旋转手柄 180°		
5.6　看到门移动进入门框，确保门锁好		
5.7　把手回凹槽		
6　　归还登机梯		
将其推离航空器并整齐地停放于指定位置，确保登机梯处于制动状态		

参考图：

B737-500 飞机客舱
座椅作动筒拆装

图 8-1　座椅作动筒螺栓保险

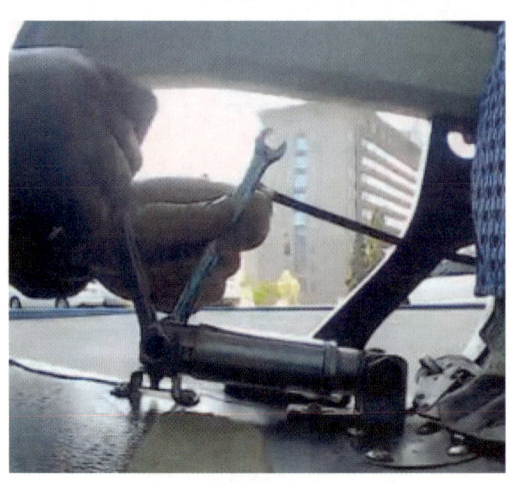

图 8-2　座椅作动筒螺栓拆卸（一）

图 8-3　座椅作动筒螺栓拆卸（二）

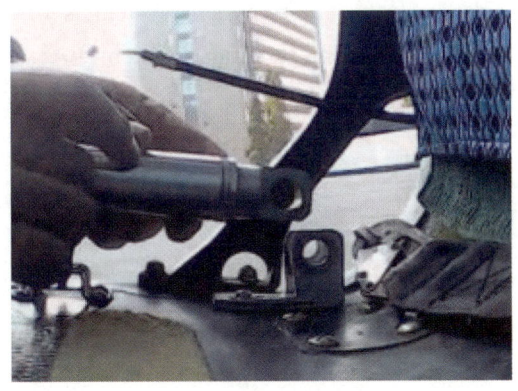

图 8-4　座椅作动筒取下

（5）完工状态：

工作结束后的检查和场地恢复	工作签署	检查签署
1. 检查各个指定位置保险装置安装的状态，避免出现错装、漏装的现象		
2. 清点、检查工具的状态和数量，并将工具归还至指定位置		
3. 清点、检查剩余的耗材，并将其归还至指定位置		
4. 检查、清理工作场地，确保工作场地中没有遗留任何多余物		
5. 获得指导教师完工签署		*

工作任务 8-2　　CESSNA172 飞机座椅拆装

工作编号：SXTA-48	工作名称：CESSNA172 飞机座椅拆装	
实训课时：2 课时	工作日期：	实习工位：飞机施工工位

（1）系统了解：

客舱在 TAT100 体系中章节号为_____。

（2）翻译如下客舱系统的描述（节选自波音 737-500AMM 手册）：

When the attendant panel is not in use and airplane is on ground, the display screen will be on the logo screen saver. To reactivate the screen, sequentially touching opposite corners of display screen within 2 seconds. Make sure the entertainment system is initialized and logged into the CABIN MAINTENANCE screen (Video Entertainment System – Activation, TASK 44-21-00-440-802)

（3）查询 CESSNA 172 飞机的座椅拆装程序的章节号。

章节号：_____。

查询 CESSNA 172 飞机的座椅件号。

件号：_____。

（4）工作前准备：

准备项目	准备工作	完成签署	检查签署
工具和设备	常用公制工具箱		
劳保用品	无		
注意事项	1. 拆卸过程中，向前取下座椅； 2. 安装完座椅后，检查座椅的安全锁定机构		
授权	获得指导教师工作授权（必检）		*

（5）操作：

操作流程	工作者签署	检查签署
1　准备工作		
1.1　清点工具，确认工具处于正常状态		

续表

操作流程	工作者签署	检查签署
1.2　清点耗材，核对耗材的件号和数量		
1.3　检查操作区域，如发现异常状态，尽快向教员如实汇报		
1.4　清理工作场地，清除场地中的多余物		
2　座椅的拆除		
2.1　解除 AmSafe 可充气抑制装置（参考 AmSafe 可充气抑制装置解除/预位） （**警告**：如果飞机有 AmSafe 可充气抑制装置，请勿拆除座椅安全带，可能会发生事故和使系统损坏）		
2.2　从座椅滑轨的外侧前后拆除座椅制动装置		*
2.3　从座椅滑轨上解锁座椅，并且向前推座椅滑轨，直至前滚轮离开座椅		
2.4　在滑轨上向后移动座椅，直到后滚轮滑出座椅滑轨；从滑轨上拆除座椅		
3　座椅安装		
3.1　将座椅的后滚轮放置在座椅滑轨的位置上		
3.2　移动座椅在滑轨上向前运动，直到在座椅滑轨上能够安装前滚轮		
3.3　安装座椅的制动装置在座椅滑轨外侧的前后位置		
3.4　确保座椅的制动装置安装正确		
3.5　预位 AmSafe 可充气抑制装置（参考 AmSafe 可充气抑制装置解除/预位）		
3.6　完成座椅在滑轨上全行程的移动测试，确保座椅安装正确		

（6）完工状态：

工作结束后的检查和场地恢复	工作签署	检查签署
1. 检查各个指定位置保险装置安装的状态，避免出现错装、漏装的现象		
2. 清点、检查工具的状态和数量，并将工具归还至指定位置		
3. 清点、检查剩余的耗材，并将其归还至指定位置		
4. 检查、清理工作场地，确保工作场地中没有遗留任何多余物		
5. 获得指导教师完工签署		*

课后提升

飞机客舱设备与装饰维修总结

（1）在拆装部件时应该严格按照维修手册执行，任何小的违规都可能产生严重后果。比如厨房、厕所的安装，如果安装螺杆没有按手册要求上紧力矩，可能导致厨房或厕所松动，而力矩过大会导致螺杆断裂。这些在维修中都时有发生。但当严格按力矩施工后，这些情况就不再发生。又比如座椅的安装，要严格依据安装图纸给定的间距安装。按照原有的位置划线，这种办法虽然简单，但不稳妥，因为原有的尺寸也可能错误。厕所、厨房安装好后，要按手册进行通电、通水和空调出风测试。

（2）按手册安装有时也有局限性。比如窗户遮阳板的拆装，手册要求把遮阳板框拆掉，但工具或用力方法使用不当时，会造成锁紧装置损坏。而把整个侧壁板拆下，就可以方便、安全地取下遮阳板框。虽然费时、麻烦，但并不违背手册要求，结合 C 检完成，是一个很好的办法。

（3）随着科技和材料工艺的不断发展，在客舱部件中应用越来越多的新型材料，如复合材料、高分子聚合材料等。客舱深度维修需要复合材料、金工等多工种配合。客舱塑件多由聚碳酸酯材料生产，它的修理可用粘接、挖补、铺层、打磨喷漆或整体更换的办法。结构部件多由铝或铝镁合金制成，它的修理可采用钻止裂孔、打补片、打磨除腐、整体更换的办法。整体更换成本高，需要大量储备航材，所以应尽量使用其他修理方法。而其他方法对人员要求高，好的培训和长期实际工作可以有效提高修理人员的操作水平。

（4）部件表面涂漆可以防止表面损伤，大面积的涂漆还可以起到装饰美观效果。好的整体喷漆可使部件焕然一新，有很强的视觉冲击力。相反就可能会产生色差，降低视觉感受。所以应严格控制喷漆时间、速度、气压大小、调漆比例。对于表面都有点状花纹的部件，有公司探索出打点喷涂法，据报道效果不错。

（5）客舱内饰中存在大量的金属质感内饰，如飞机旅客座椅扶手金属盖板，盥洗室门外的金属标牌，行李箱门锁扣，厨房配餐操作台，厨房、厕所、屏风壁板的金属包边条。其外表都被特殊工艺处理过。小的较细的划伤可以用抛光办法修理，喷涂金属漆可以起一定作用，但效果还需要进一步检验，大的损伤只能更换。一些金属边条可以用型材加工，以降低成本。

（6）在民航客机客舱中，餐车旋钮、铝合金镶边条、旅客座椅组件等都使用到了铝合金装饰件。然而这些铝合金装饰件常常会由于各种原因出现损伤的情况，如会出现磨损、划伤、掉色、发黑、失去光泽等。出现这些损伤的原因主要有以下几个方面：一是磨损老化；二是人体汗液；三是厨房污水的腐蚀；四是餐车行李等外物碰撞等。因此，会给客舱整体的美观性带来一定程度的影响。从节约成本的方面考虑，不建议更换材料，常常做出的选择是翻新。

模块 9　典型飞机电气系统的拆装与维护

模块 9　典型飞机电气系统的拆装与维护

教学目标

【知识目标】

1. 学生能够了解飞机电气系统的工作原理；
2. 学生能够说出进行电气系统拆装的操作要点和注意事项。

【技能目标】

1. 学生能够合理规范使用工具进行电气系统维护工作；
2. 学生能够规范进行飞机电气系统拆装。

【素养目标】

1. 具备爱护工具和设备并规范使用的好习惯；
2. 严格遵守工作流程和操作规程；
3. 树立一丝不苟的工作态度；
4. 培养"三个敬畏"意识。

任务导入

根据纪录片《空中浩劫第十七季》第 4 集的记录，1996 年 7 月 17 日，美国环球航空 TWA800 号航班从纽约肯尼迪国际机场起飞，不久，这架飞往巴黎的波音 747 飞机底部突然爆炸，残骸散落在纽约长岛的海面上，机上 230 人全部遇难。飞机在空中解体时，首先脱落的部分可能就是问题的根源，调查员发现，最靠近机场的残骸基本来自中央油箱，上面有明显的烧灼痕迹。调查部门决定，把所有的飞机残骸拼接起来，这可能是唯一可以证明飞机不是谣言中导弹炸毁的最直接的方法，但这又注定是一项漫长而又艰苦的工作。在拼接飞机残骸的同时，调查员也在寻找促使油箱起火爆炸的原因，他们需要证明飞机油料可燃并且爆炸的威力可以炸毁油箱，此外还要找到引燃油箱的火花。经过长期艰苦的调查，调查部门发现飞机坠毁可能是由于飞机内多条同捆电线的绝缘胶损毁，高压电力被传送到连接油箱内油量感测器的电线，油箱内的高温燃油气雾被高压电力所产生的火花点燃后引起爆炸，最终导致飞机解体。

由此案例可看出飞机电气系统维护工作的重要性及对飞行安全的重大影响。

知识准备

一、飞机电气系统组成

飞机电气系统，是指飞机供电系统和用电设备的总称。供电系统又称电源系统，为飞机上各种用电设备提供电源。用电系统包括电动机、仪表、照明系统、加热设备几类。其组成如图 9-1 所示。

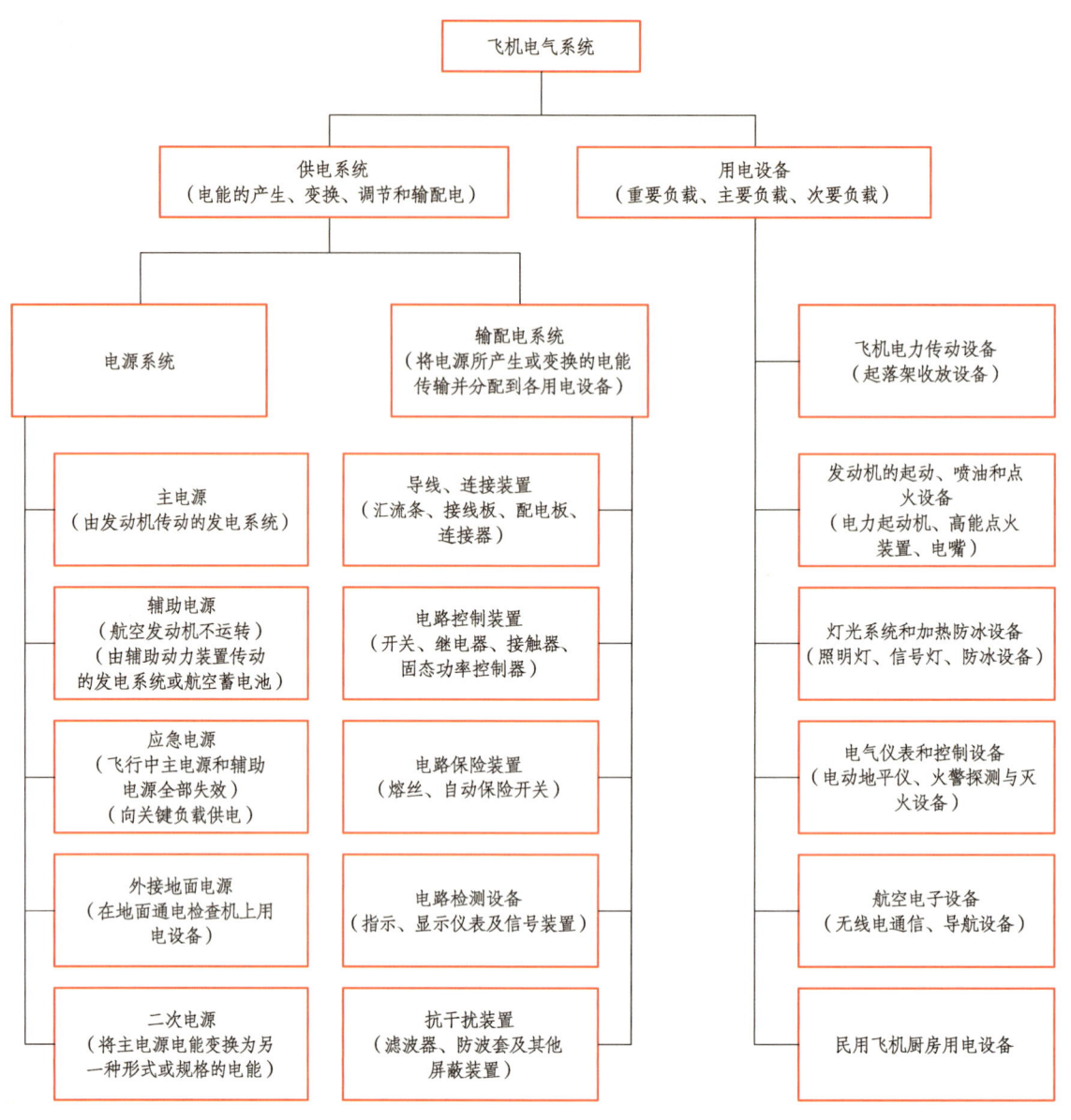

图 9-1 电气系统框图

1. 电源类型和构成

飞机电源系统由主电源、应急电源和二次电源组成,有的还包括辅助电源。主电源由航空发动机传动的发电机、电源控制保护设备等构成,在飞行中给飞机系统供电。

当航空发动机不工作时(如地面勤务时),主电源也不工作,这时靠辅助电源供电。飞机蓄电池、外接地面电源或辅助动力装置发电机(一种小型机载发动机,由发电机和液压泵等构成的动力装置)是常用的辅助电源。飞行中当主电源发生故障时,蓄电池或应急发电机即成为应急电源,给飞机重要系统供电。

飞机电源系统按供电结构可分为并联供电和单独供电。机载用电设备要求较高的供电质量,电压调整精度、频率调整精度、交流电压波形正弦度、电压浪涌和尖峰等都有一定的技术标准。通常 1 台发动机上有 1～2 台发电机，因此多发动机飞机上装有许多台发电机。由于直流电源主要参数为电流和电压，发电机电压相同即可并联，实现并联供电比较简单。而交流电的主要参数还包括频率、相位、相序等，飞机交流电源系统各个发电机驱动源不同，导致发电机产生的电流相位、频率不同，要实现并联供电还需监控各发电机的相位、频率、电压的差异，并将这些参数的差异控制在很小的范围；因而实现交流并联供电比较复杂，但并联供电电源容量大，负载的波动对电源电压和频率的影响较小，故电能质量高，且不易中断供电。

飞机电源系统按电源类型可以分为交流电源与直流电源，直流电源由最初的低压直流发展到了现在的高压直流，交流电源经历了恒速恒频、变速恒频、变速变频这几个发展阶段。

2. 变压器

变压器是用来改变交流电电压大小或电流的电气设备。变压器连接输入端的部分称为初级，连接输出端的部分称为次级。变压器由线圈和铁心组成。常见的变压器有两个或两个以上的线圈，其中一个线圈连接输入端，叫作初级线圈，其余连接输出端的线圈叫作次级线圈，另外还有的变压器只有一个线圈，但具有多个抽头，如自耦变压器。为了提高电路的导磁性能，线圈中间设有铁心。铁心通常由含硅量较高，表面涂有绝缘漆的热轧或冷轧硅钢片叠装而成。

3. 整流器

把交流电转化为直流电的过程称为整流，常见的整流电路有单相半波整流电路、单相全波整流电路、桥式整流电路等。

4. 静变流机

静变流机是一种特殊性质的电气设备。其主要作用是在飞机失去正常交流电源后，静变流机把电瓶提供的直流电通过内部的电子电路转化成为交流电，供给飞机上必须使用交流电的重要设备，保证应急状态下的飞行安全。

5. 开　关

开关是飞机上重要的电路控制装置，其作用是接通、断开控制电路中的电流，或者让控制电路在不同的工作逻辑之间进行转换。民航飞机常见的开关主要有扳动开关、按钮开关、旋转开关和跳开关等。

6. 电路断路器

电路断路器利用电磁铁来操纵活动触点，以控制电路的接通、断开或转换的电磁控制装置，以及远程控制大功率电路（工作电流大于 25 A）的工作。

7. 继电器

继电器是自动控制系统中应用极广的开关电器。与接触器相比，继电器的触点所控制的电路功率小，能够在自动与遥控装置中实现电路的断开与闭合，继电器对实现飞行控制的综合自动化起着主要作用。

8. 交流配电系统

交流配电系统由交流电源、交流汇流条和电路断路器共同组成。飞机上交流系统的主要电源有发动机驱动发电机、APU 发电机和外部电源等。

9. 直流配电系统

大多数飞机的直流电源系统的供电来自飞机的交流供电系统，TRU 转换交流电给直流配电系统的汇流条供电，电瓶充电机连接在飞机的交流汇流条上，给电瓶充电。当飞机交流汇流条断电后，电瓶开始放电，供电给直流汇流条，保证直流汇流条的供电正常。

10. 应急配电系统

飞机的应急配电系统主要由应急电源和应急汇流条组成。常见的大型飞机的应急电源主要有两种，第一种是电瓶，第二种是冲压空气涡轮驱动的应急发电机。

二、B737NG 飞机电源系统常见安全注意事项

（1）违规操作电源系统可能造成自己、他人触电或部件损坏。

（2）飞机电源系统通电可能会造成飞机舵面运动。

（3）电源系统部件工作可能会造成高热。

安全管理

（1）在执行电气系统的维护工作时，要确认交流或直流电源没有连接到相关飞机电气线路上，否则人员会有触电的危险。

（2）部分电气部件较重，拆装中要注意安全，防止伤害维修人员或损坏设备。

（3）在将地面电源连接到飞机外电源插口前，要确认外电源未起动，否则有产生跳火的危险。接通飞机电源前，确认勤务汇流条电路被隔离。

（4）工作场地要保持清洁，避免杂物乱放，防止绊倒。

（5）避免工具碰伤、划伤零件。

（6）保持施工场地清洁、整齐。

（7）施工完毕后，检查施工质量，进行互查和专门检查。

（8）规范施工：熟悉各项基本技能的标准操作规范，明确施工重点和质量要求，严格按照工艺工卡规范施工；明确安全要素和注意事项，保障飞机及发动机安全可靠工作。

工作任务 9-1　继电器、接线块和跳开关拆装

工作编号：SXPA-48	工作名称：继电器、接线块和跳开关拆装	
实训课时：2	工作日期：	工作地点：

（1）系统了解：

标准施工在ATA100体系中章节号为＿＿＿＿＿＿＿＿＿＿＿＿＿＿＿＿＿＿＿＿＿。

（2）翻译如下标准施工的描述（节选自波音737-500AMM手册）：

A. General

(1) This procedure is for on-the-ground maintenance and is preventative maintenance for those circuit breakers that are less frequently used. It is not necessary to do this procedure for frequently used circuit breakers. Because each airline operates differently, it is an airline decision as to which circuit breakers are frequently used and which circuit breakers are less frequently used.

(2) Research has shown that the cycling of less frequently used circuit breakers can help to improve operational system reliability. If a circuit breaker has not been operated for some time, it is possible that the circuit breaker may not open when an electrical fault occurs.

(3) Circuit breakers are located in all areas of the airplane such as the flight compartment, electrical equipment bays, cargo compartments, passenger compartment, and other areas.

(4) Too much repeated use of a circuit breaker can result in premature failure of the circuit breaker.

（3）在AMM手册中找到关于断路器标准施工的章节号＿＿＿＿＿＿＿＿＿＿＿＿＿＿＿＿＿＿＿。

在IPC手册中找到关于断路器标准施工的章节号＿＿＿＿＿＿＿＿＿＿＿＿＿＿＿＿＿＿＿。

(4)工作前准备:

准备项目	准备工作	完成签署	检查签署
工具和设备	标准线路施工通用工具箱、仪表螺丝刀套件、邦迪块插钉推送工具(DHK21)、套筒工具、防静电手腕带、防静电手腕带测试器		
劳保用品	纸胶带、设备插头堵盖		
注意事项	线路设备施工注意静电防护		
授权	获得指导教师工作授权(必检)		*

(5)操作:

操作流程	工作者签署	检查签署
1 手册查询 查询 N240AT 飞机 R324 继电器的件号和拆装程序的章节号。 件号:_____拆装程序章节号:_____ 查询 N240AT 飞机 T01007 接线块的件号和拆装程序的章节号。 件号:_____拆装程序章节号:_____ 查询 N240AT 飞机驾驶舱 P6-02 板 A002 位置的跳开关的件号。 件号:_____		
2 施工程序		
2.1 B737-300R324 RELAY-OXYGEN IND 拆装更换		
2.1.1 拆除继电器		
(1)用螺丝刀拧松固定继电器的螺钉		
(2)取下螺钉和弹簧垫片		
(3)取下继电器		
(4)检查继电器的状态,并记录 状态:_____		
2.1.2 安装继电器		
(1)将继电器放置在其位置上		
(2)对齐继电器的每一个安装孔,安装螺桩		
(3)安装继电器、拧紧螺钉和锁紧垫片		
(4)检查继电器的安装状况 检查结果:_____		
2.2 拆除运-7 飞机电子设备盒内接线块组件		
(1)将插钉从接线块组件上拆下		
(2)将退钉工具塞入插钉边上的小孔里		
(3)推进工具,直到止动位置,将插钉锁片打开		
(4)将导线和插钉从钉孔中拉出		

续表

操作流程	工作者签署	检查签署
（5）插钉和导线取出后，将工具从钉孔中取出		
（6）从滑轨上拆除接地线组件		
（7）拧松卡子螺钉，直到卡子能被取出		
（8）旋转卡子90°，从滑轨中取出（备注：也可以将卡子从滑轨的末端取出）		
（9）移动或拆除任何接线块附近的接线块组件		
（10）拆下接线块，旋转接线块 90°，将其从滑轨中取出（备注：也可以将接线块从滑轨的末端取出）		
（11）检查接线块的状况　　　　　　检查结果：_____		
2.3　接线块组件安装		
（1）安装接线块组件（备注：可以将接线块从滑轨的末端装进滑轨）		
（2）将接线块放进滑轨		
（3）旋转接线块90°		
（4）当所有的接线块和隔片都在滑轨中对齐，将末端卡子轻轻地推着靠近接线块或隔片（备注：末端卡子的侧面要在滑轨组件的末端）		
（5）拧紧卡子螺钉，确保弹簧垫片被完全压紧，且当有力存在时末端卡子不会移动和转动（备注：螺钉头部只允许安装一个弹簧垫片）		
（6）检查接线块的安装状况　　　　　检查结果：_____		
2.4　插钉安装		
（1）将夹有导线的插钉放入正确的插钉孔内		
（2）用工具头部顶住插钉尾部，直到插钉到底，并且产生咔的一声		
（3）将插钉送入位置		
（4）检查插钉在组件里被正确锁住		
2.5　运-7飞机2号引气截流阀跳开关拆装		
1. 拆下2号引起截流阀跳开关		
（1）整机断电并挂警告牌		
（2）打开跳开关面板		
（3）使用扳手拧松2个固定导线的螺栓		
（4）取下导线并做标记		
（5）拆下跳开关固定螺帽		
（6）拆下跳开关		

续表

操作流程	工作者签署	检查签署
（7）检查跳开关的状态　　状态：_____		
2.6　安装 2 号引起截流阀跳开关		
（1）安装跳开关		
（2）安装跳开关的固定螺帽		
（3）连接上跳开关的导线		
（4）用扳手拧紧跳开关的 2 个固定螺栓		
（5）闭合跳开关面板，检查跳开关的状态　状态：_____		
（6）取下警告牌		

（6）完工状态：

工作结束后的检查和场地恢复	工作签署	检查签署
1. 检查各个指定位置保险装置安装的状态，避免出现错装、漏装的现象		
2. 清点、检查工具的状态和数量，并将工具归还至指定位置		
3. 清点、检查剩余的耗材，并将其归还至指定位置		
4. 检查、清理工作场地，确保工作场地中没有遗留任何多余物		
5. 获得指导教师完工签署		*

工作任务 9-2　反流割断器拆装与测量

工作编号：	工作名称：反流割断器拆装与测量	
实训课时：2	工作日期：	工作地点：

（1）系统了解：

反流割断器在 ATA 100 中章节号为＿＿＿＿＿＿＿＿＿＿＿＿＿＿＿＿＿＿＿＿＿＿＿。

（2）翻译如下刹车防滑系统的描述（节选自波音 737-500AMM 手册）：

A rotating electromagnetic field causes the output voltage to be induced in the stationary generator armature. This rotating field is excited by an integral ac exciter, in which the output is converted to dc by rectifiers in the generator rotor shaft. The engine-driven generators are driven by CSDs. Generator cooling is by putting engine fan air from an air outlet on the engine through the generator. During both ground and inflight operation, air which has passed through the generator is directed overboard through an air exit in the engine cowling. A complete generator assembly consists of an ac exciter generator, a rotating rectifier and a main generator. The ac exciter consists of a six-pole stationary dc field and a rotating armature.

（3）在 AMM 手册中找到关于拆装反流割断器的章节号 ＿＿＿＿＿＿＿＿＿＿＿＿＿＿＿。

在 IPC 手册中找到关于反流割断器拆装的章节号 ＿＿＿＿＿＿＿＿＿＿＿＿＿＿＿＿＿。

（4）工作前准备：

准备项目	准备工作	完成签署	检查签署
工具和设备	部件拆装重用工具箱、毫欧表、防静电手腕带、万用表		
劳保用品	纸胶带、电烙铁、焊锡膏、焊丝		
授权	获得指导教师工作授权（必检）		*

（5）操作：

施工步骤	工作者签署	检查签署
1　反流割断器和分流器的拆卸		
1.1　拆下反流割断器上 5 个控制导线，做好标记		

续表

施工步骤	工作者签署	检查签署
1.2　拆下输入、输出汇流条 5 个螺帽和固定分流器的螺帽		
1.3　取下反流割断器底座 4 个固定螺钉，取下反流割断器和分流器		
1.4　使用毫欧表测量分流器的电阻值：_____		
1.5　使用 LCR 测量反流割断器线圈的电感，即 A 点和 B 点之间的电感　电感量：_____		
1.6　安装反流割断器和分流器 将分流器装到固定螺栓上，同时将反流割断器安装到配电板上，将 4 个固定螺栓拧紧，装上分流器汇流条和反流割断器汇流条，反流割断器各汇流条紧固螺钉，并将其中 2 个螺钉按 30 磅·英寸（3.4 N·m）紧固		
1.7　按标记的线号，装回 5 个控制导线并拧紧		
2　修复交流电源供电按钮的连接线		
2.1　拆卸所示面板固定螺钉，以接近所示按钮的连接线		
2.2　用适当加过温的电烙铁，将指定的两根按钮的接线脱焊		
2.3　按压按钮的同时测量按钮电门 A 点和 B 点之间的通路情况		
2.4　确认按钮电门 A 点和 B 点之间通路良好之后，焊接按钮电门的两根连接线；固定面板固定螺钉		

参考图：

反流割断器的拆装与测量

图 9-2　汇流条

(6)完工状态:

工作结束后的检查和场地恢复	工作签署	检查签署
1. 检查各个指定位置保险装置安装的状态,避免出现错装、漏装的现象		
2. 清点、检查工具的状态和数量,并将工具归还至指定位置		
3. 清点、检查剩余的耗材,并将其归还至指定位置		
4. 检查、清理工作场地,确保工作场地中没有遗留任何多余物		
5. 获得指导教师完工签署		*

工作任务 9-3　交流发电机拆装和测量

工作编号：	工作名称：交流发电机拆装和测量	
实训课时：2	工作日期：	工作地点：

（1）系统了解：

交流发电机在 ATA 100 中章节号为_____。

（2）翻译如下刹车防滑系统的描述（节选自波音 737-500AMM 手册）：

A rotating electromagnetic field causes the output voltage to be induced in the stationary generator armature. This rotating field is excited by an integral ac exciter, in which the output is converted to dc by rectifiers in the generator rotor shaft. The engine-driven generators are driven by CSDs. Generator cooling is by putting engine fan air from an air outlet on the engine through the generator. During both ground and inflight operation, air which has passed through the generator is directed overboard through an air exit in the engine cowling. A complete generator assembly consists of an ac exciter generator, a rotating rectifier and a main generator. The ac exciter consists of a six-pole stationary dc field and a rotating armature.

（3）在 AMM 手册中找到关于拆装交流发电机的章节号 _____。

在 IPC 手册中找到关于交流发电机拆装的章节号_____。

（4）工作前准备：

准备项目	准备工作	完成签署	检查签署
工具和设备	常用拆装工具箱、三用表、力矩扳手等		
劳保用品	手套、垫片、密封圈、保险丝等		
授权	获得指导教师工作授权（必检）		*

（5）操作：

施工步骤	工作者签署	检查签署
1　拧松通风管胶管紧固卡子及固定螺钉		
1.1　取下通风罩；		
1.2　拆除交流发电机励磁插头保险丝，并拆下插头		
1.3　拆卸接线柱螺帽，取下连接导线		
1.4　打开紧固卡环的舌形保险片，拧松紧固螺栓，取下卡环		
1.5　取下交流发电机，检查安装座		
1.6　防护好交流发电机和机匣的结合部		
1.7　目视检查发电机外表和轴键，有无损伤，清洗涂油。测量交流发电机定子线圈的电感，即 A 点和 B 点之间的电感。实测值：_____		
2　安装发电机		
2.1　交流发电机与机匣对接好		
2.2　检查卡环是否完好；更换保险线，装好卡环、紧固螺栓，打好保险片		
2.3　连接好导线，拧上接线柱螺帽，按 20 磅·英寸（2.3 N·m）力矩紧固		
2.4　装上励磁插头，打好保险		
2.5　装好通风罩，连接好波型导管拧紧卡子，并打保险		
结束工作：清点工具、整理清洁施工现场		

参考图：

交流发电机的拆装和测量

图 9-3　拆下发电机

图 9-4　测量电感

（6）完工状态：

工作结束后的检查和场地恢复	工作签署	检查签署
1. 检查各个指定位置保险装置安装的状态，避免出现错装、漏装的现象		
2. 清点、检查工具的状态和数量，并将工具归还至指定位置		
3. 清点、检查剩余的耗材，并将其归还至指定位置		
4. 检查、清理工作场地，确保工作场地中没有遗留任何多余物		
5. 获得指导教师完工签署		*

课后提升

电路图中常见的电气符号

1. SP、SM

SP 和 SM 均为接线管 SPLICE，本质上没有区别，只不过在线路图中以及实际应用当中是有一定的区别的。在 WDM 中，不同之间线束相连接时使用 SP，相同线束之间相连接时使用 SM，如图 9-5 和图 9-6 所示。

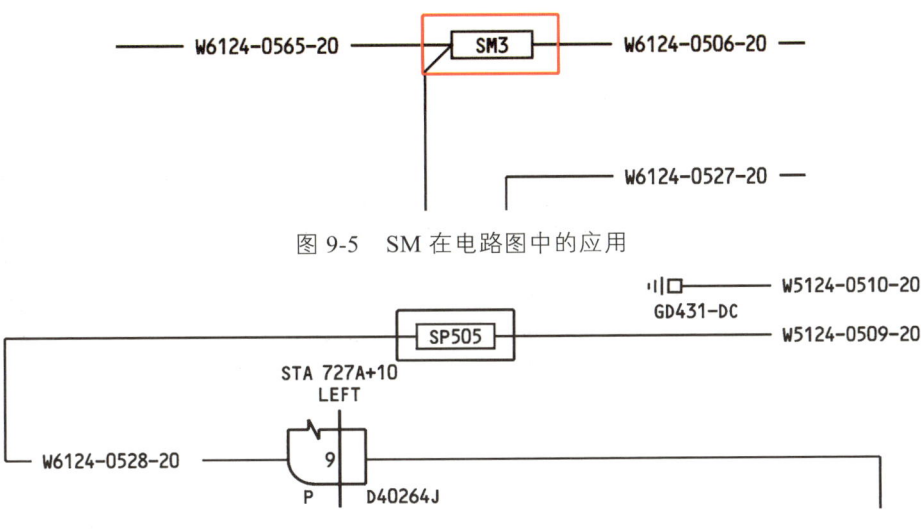

图 9-5　SM 在电路图中的应用

图 9-6　SP 在电路图中的应用

2. GB、GD

GB 是 Ground Blocks 的缩写，译为接地桩，GD 是 Ground Studs 的缩写，译为接地柱。飞机上使用 GB 和 GD 的目的是为飞机用电器提供一个零参考电势，同时起到释放飞机静电的作用，如图 9-7 和图 9-8 所示。

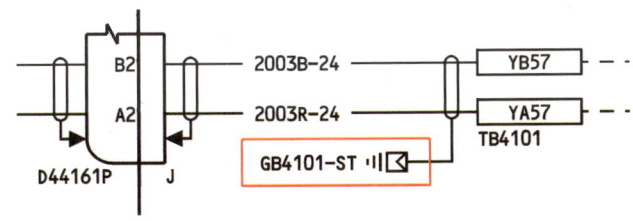

图 9-7　GB 在电路图中的应用

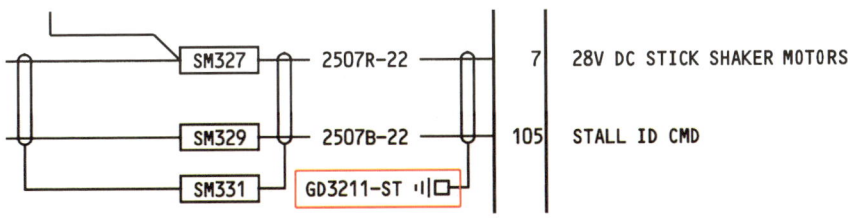

图 9-8　GD 在电路图中的应用

3. 接线片孔径

在电路图中,如果终端类型为接线片,可以从图中看出接线片的孔径(Stud)。例如常见的跳开关,导线与跳开关通常是通过两个接线片相连。例如,对于跳开关 C1064,通过查询 WDM 的连接列表,可知该跳开关连接的终端类型代码为 D,如图 9-9～图 9-12 所示。

Equip	Term	Station / WL / BL Type	Bundle	Description Wire No.	GA	CO	Diagram	Effectivity
C01048		P018-01/ /D003		CB-AFCS SYS A ENGAGE INTLK				ALL
	=B	D	W0020	ZZBF	00		24-61-21	ALL
	=B	D	W0020	ZZBG	00		24-61-21	ALL
	=L	D	W0018	0011	20		22-11-12	ALL
C01049		P018-01/ /D001		CB-AFCS SYS A WARN LIGHT (BAT)				ALL
	=B	D	W0020	6062	16		24-61-52	ALL
	=L	D	W0018	0016	20		22-14-11	ALL
C01050		P006-01/ /D015		CB-FMCS CDU 2				YJ813-YJ819
	=B	D	W0040	ZZXG	02		24-51-24	YJ813-YJ816
	=B	D	W0040	ZZAC	02		24-51-21	YJ813-YJ819
	=B	D	W0040	ZZXG	02		24-51-21	YJ819
	=L	D	W0044	0222	20		34-61-11	YJ813-YJ819
C01064		P006-02/ /B002		CB-AFCS SYS B MACH TRIM DC				ALL
	=B	D	W0040	ZZDH	04		24-61-24	ALL
	=B	D	W0040	ZZDK	00		24-61-24	ALL
	=B	D	W0040	ZZXF	02		24-61-24	ALL
	=L	D	W0044	0507	20		22-18-11	ALL
C01068		P006-02/ /C014		CB-FLIGHT CONTROL AUTOSLAT DC 1				ALL

图 9-9 通过 WDM 的前言可知终端类型代码 D 对应的终端为 8 号孔径的接线片

TERM TYPE CODE	DESCRIPTION OF THE CODE	PART NUMBER
A	Terminal Lug, #2 Stud	BACT12AC43, 324158 or 329636
B	Terminal Lug, #4 Stud	BACT12AR/AC/S or 2-323914-2
C	Terminal Lug, #6 Stud	BACT12AC(), AR(), S() or 2-326875-4
D	Terminal Lug, #8 Stud	BACT12AC(), AR() or S()

图 9-10 WDM 电路图中的符号

```
        28V DC
        BUS 2 SECT 2
        24-61-24    =B   3   =L            W044
                    ○─┬─○──────0507-20
                      C1064 AFCS B MACH TRIM DC
```

图 9-11 结合 WDM 中的符号介绍直接可看出跳开关的终端为 8 号孔径的接线片

```
        TERMINALS & SIZES
        SOLDER POINT      ●
        STUD SIZES
           2              ◐
           4              ◐
           6              ◐
           8              ⊙
          10              ○
          1/4             ⊘
          5/16            ⊗
          3/8             ⊙
          1/2             ⊖
```

图 9-12 与继电器相连的接线片孔径为 8 号

4. 插头、插座

插头、插座在电路图中的设备号以 D 开头。通常插座安装到结构上，平时拆装的都是插头部分。还有一种比较常见的连接方式为：插头直接连接到部件上。对于两种不同的连接方式，插头、插座的设备号也有所区别。

对于插头和插座连接的方式，插头和插座在设备号上分别以 P 和 J 结尾，如图 9-13 所示。

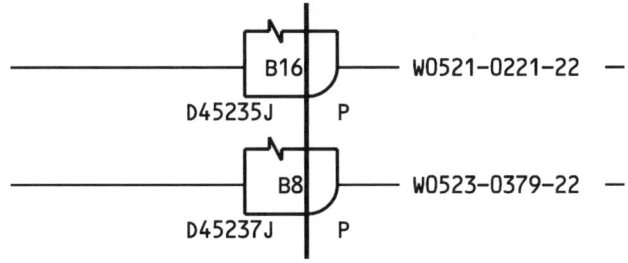

图 9-13　插头、插座

对于插头直接连接到部件上的方式，插头在设备号上没有尾缀。

模块 10　典型飞机灯光系统的维护

模块 10　典型飞机灯光系统的维护

教学目标

【知识目标】
1. 学生能够了解飞机灯光系统部件识别；
2. 学生能够说出进行飞机灯光系统维护的操作要点和注意事项。

【技能目标】
1. 学生能够合理规范使用工具进行拆装工作；
2. 学生能够根据工卡规范进行飞机灯光系统维护。

【素养目标】
1. 具备爱护工具和设备并规范使用的好习惯；
2. 具备爱岗敬业和良好的团队合作精神；
3. 具备自主查阅资料、制订和实施工作计划及自我学习的能力；
4. 培养严格按照手册和技术文件施工的职业素养；
5. 树立"安全第一、质量第一"的思想，坚持"无缺陷、零差错"的职业精神。

任务导入

根据纪录片《空中浩劫第五季》第 9 集的记录，1972 年 12 月 29 日晚东岸时间 9 时 20 分，美国东方航空 401 号班机从纽约约翰·菲茨杰拉德·肯尼迪国际机场起飞。该航班使用一架只有 4 个月机龄的 L-1011 三星客机飞行，机上载有 163 名乘客和 13 名机组人员。当地时间 11 时 34 分，东方航空机组与迈阿密国际机场的塔台取得联系，塔台告知 401 号班机停留在 2 000 英尺（609.6 m）高处待命，机长此时也下令放下飞机起落架。可是，机员发现显示机鼻起落架的指示灯没有亮起。于是机长下令副机师及飞行工程师集中处理起落架的问题。此时飞机正在慢慢下降，由于太专注指示灯问题，竟没有人留意到飞机因高度下降在 2 000 英尺（609.6 m）以下而响起的警告。11 时 41 分，塔台告知飞机可随时进场。飞机左转 180°，半分钟后，副驾驶才发现飞行高度过低。7 s 后，飞机坠毁于迈阿密西北偏西处的佛罗里达大沼泽，随即解体爆炸。这是首次宽体客机出现意外事故。该事故造成 101 名乘客死亡。

知识准备

灯光系统是飞机必不可少的一个系统。无论是大型飞机还是小型飞机，无论是军机还是民航客机，都离不开灯光系统。灯光系统给飞机各个运行阶段，如滑行、起飞、巡航、降落等提供灯光照明和指示，满足不同的功能需要，保障飞机的飞行安全。灯光系统主要分为外部灯光、机内灯光和应急灯光。

一、外部灯光

外部灯光用于识别、指向，有助于飞机的安全运行，主要包括大翼照明灯（探冰灯）、位置灯（航行灯）、防撞灯、着陆灯、滑行灯、转弯灯、航徽灯等。在驾驶舱前顶板有外部灯光控制电门，用于控制飞机的外部灯光。

二、机内灯光

机内灯光主要分为驾驶舱灯光、客舱灯光、货舱灯光和勤务舱灯光。驾驶舱灯光主要为驾驶舱提供整体区域照明、局部区域照明、仪表和面板整体式照明和信号指示，主要包括仪表和面板灯、信号指示灯、区域灯和飞行机组灯。客舱灯光用于客舱的一般照明，以及厕所、厨房和乘务员工作区域照明，这些客舱灯光大部分可在乘务员面板上进行操控。大部分客舱灯光都由灯管、镇流器、控制电门三部分组成，亮度可以由控制电门调节。货舱灯和勤务舱灯主要是为地面服务人员和地面维修人员设置，货舱照明主要包括前、后和散货舱照明。勤务舱灯主要包括前轮舱、主轮舱照明，空调舱照明，电子设备舱照明，APU舱、尾舱照明等。货舱灯为白炽灯泡或LED灯，控制电门一般在货舱门框上，当货舱门打开且货舱灯电门接通时，货舱内部灯亮。在货舱门关闭后，即使电门接通灯也不会亮。轮舱灯、空调舱灯、电子舱灯、APU舱灯都可为地面维修人员提供良好的照明条件。

三、应急灯光

应急灯光用于在紧急情况下为机组和乘客提供紧急照明和指示撤离路线。应急灯光主要包括客舱区域应急照明、逃生通道照明、应急出口位置标识和出口外部照明等。应急灯光系统采用独立充电电池供电。应急灯光可以使用驾驶舱的应急出口灯电门或乘务员面板上的应急出口灯电门控制。

四、典型飞机灯光系统维护安全注意事项

（1）不要触摸灯座或灯的金属端。灯通电时，会导致触电。

（2）扳动电门会导致相应系统工作，系统的突然工作会导致人员受伤和设备损害。

（3）在进行维护之前，先断开灯的电源。没有拔出相应跳开关，会导致在安装灯罩时损坏线路。

（4）不得使闪光灯直接对着眼睛闪烁。闪光灯的亮度可引起眼睛的暂时失明。

（5）对于下部的防撞灯，应确保封严每个邻近防撞灯的裸露电线，以防止引爆燃油蒸气。爆炸会导致人员受伤和设备损坏。

（6）不得裸手接触防撞灯。手印会减弱灯光，并可能导致防撞灯在寿命期内失效。

安全管理

（1）进行维护工作时确认所有相关电源被切断，防止发生对设备和人员的意外伤害。

（2）更换灯泡时手指不要接触玻璃，皮肤上的油脂会使灯泡寿命缩短，否则就要用不起毛的毛巾擦净。

（3）更换起落架上灯泡时要确认地面安全销已正确安装，防止起落架和舱门的移动。

（4）更换频闪灯和滑行灯时要小心，因为它们在电门关后还会发热数分钟。

（5）在眼睛没有防护时不要直接去看灯光，否则高强度的灯光会对眼睛造成永久性伤害。

（6）在对通过电的频闪灯维护时，断电后至少要等 10 min，防止受到一些部件高压的伤害。

（7）工作场地要保持清洁，避免杂物乱放，防止绊倒。

（8）避免工具碰伤、划伤零件。

（9）保持施工场地清洁、整齐。

（10）施工完毕后，检查施工质量，进行互查和专门检查。

（11）规范施工：熟悉各项基本技能的标准操作规范，明确施工重点和质量要求，严格按照工艺工卡规范施工；明确安全要素和注意事项，保障飞机及发动机安全可靠工作。

工作任务 10-1　B737-500 飞机导航灯拆装

工作编号：SXTA-43	工作名称：B737-500 飞机导航灯拆装	
实训课时：2 课时	工作日期：	实习工位：飞机施工工位

（1）系统了解：

灯光系统在 TAT100 体系中章节号为_____。

（2）翻译如下灯光系统的描述（节选自波音 737-500AMM 手册）：

This procedure has the maintenance tasks for the Master Minimum Equipment List (MMEL) maintenance requirements as shown in the Dispatch Deviations Guide (DDG). These tasks prepare the airplane for flight with certain systems/components inoperative. A sign is inoperative for a seat if a person with normal vision sits in the seat and cannot read the applicable NO SMOKING and FASTEN SEAT BELT sign. In tests that Boeing did for the FAA, a sign was "easy to read" if a person could see enough of the sign to identify it. For example, NO SMOK and FASTEN SEAT B were "easy to read."

（3）选择 B737-500 型飞机的适当手册，找到拆装机尾导航灯泡的施工章节。

章节号：_____。

选择 B737-500 型飞机的适当手册，查出机尾导航灯泡的件号。

件号：_____。

（4）工作前准备：

准备项目	准备工作	完成签署	检查签署
工具和设备	1 m 工作梯 1 个、通用工具箱 1 个		
劳保用品	无		
注意事项	1. 注意灯泡玻璃，防止划破手指； 2. 使用正确件号的灯泡，防止装错； 3. 检查导航灯相关部件，更换有任何缺陷的零部件		
授权	获得指导教师工作授权（必检）		*

（5）操作：

操作流程	工作者签署	检查签署
1　准备工作		
1.1　拔出相应跳开关并挂警告牌		
1.1.1　清点耗材，核对耗材的件号和数量		
1.1.2　检查航空器中操作区域，如发现异常状态，尽快向教员如实汇报		
2　拆下机尾导航灯		
2.1　拆下螺钉		
2.2　拆下灯罩		*
2.3　拆下机尾导航灯泡		
3　检查机尾导航灯		
3.1　检查灯泡、灯罩及螺钉状况。更换有任何缺陷的零部件		
4　安装机尾导航灯		
4.1　安装机尾导航灯泡		
4.2　定位对准灯罩		
4.3　安装螺钉		

参考图：

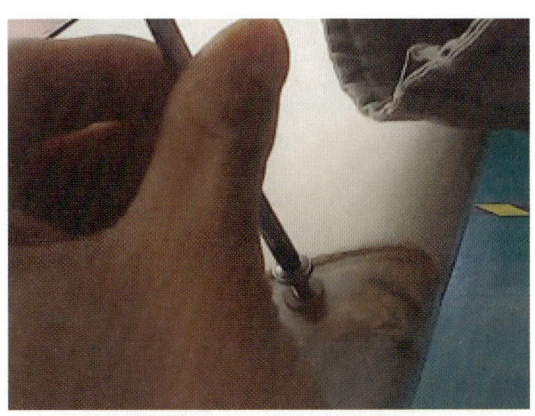

图 10-1　拆下灯罩螺丝

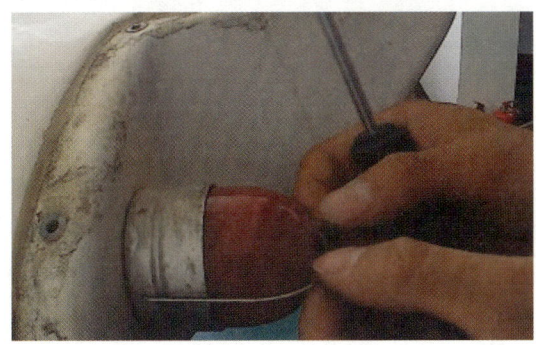

图 10-2　装上灯罩

B737-500 飞机导航灯的拆装

（6）完工状态：

工作结束后的检查和场地恢复	工作签署	检查签署
1. 检查各个指定位置保险装置安装的状态，避免出现错装、漏装的现象		
2. 清点、检查工具的状态和数量，并将工具归还至指定位置		
3. 清点、检查剩余的耗材，并将其归还至指定位置		
4. 检查、清理工作场地，确保工作场地中没有遗留任何多余物		
5. 获得指导教师完工签署		*

工作任务 10-2　飞机内侧固定着陆灯拆装练习

工作编号：MEP-R/I-15	工作名称：飞机内侧固定着陆灯拆装练习	
实训课时：2	工作日期：	工作地点：

（1）系统了解：

灯光在 ATA100 体系中章节号为_____。

（2）翻译如下手册中 33 章对灯光的描述（节选自波音 737-500AMM 手册）：

1. General

A. Landing and runway turnoff lights are adjusted to give good lighting when landing or turning on the runway. These lights are controlled with switches on the pilots overhead panel (P5).

B. For more data about this lighting system, refer to these sources:

(1) SSM 33-40-01

(2) WDM 33-42-01

(3) WDM 33-45-01

2. Inboard Landing Lights

A. Two inboard landing lights are in the wing leading edges near the fuselage. The lamps shine forward and down to the ground ahead of the airplanes.

B. Power is supplied from the 115 volt ac buses No.1 and 2 through step-down transformers. Step-down transformers T43 and T44 provide an output of 28 volts ac for the operation of the lights.

（3）在 AMM 手册中找到关于拆装飞机内侧固定着陆灯的章节号_____。

在 IPC 手册中找到关于飞机内侧固定着陆灯的章节号_____。

(4)工作前准备:

准备项目	准备工作	完成签署	检查签署
工具和设备	一字螺丝刀、卡拉、5/16 套筒、加力杆、内六角套件、工具盘、航材（灯具、垫圈、密封圈）		
劳保用品	手套、手电		
注意事项	1. 工作时注意飞机及人身安全防护； 2. 工作时注意使用劳保用品； 3. 本任务前缘襟翼/缝翼和后缘襟翼都停用		
授权	获得指导教师工作授权（必检）		*

(5)操作:

操作流程	工作者签署	检查签署
1. 供电，移除气源总管压力		
2. 拔出相应跳开关并挂警告牌		
3. 接近固定着陆灯位置		
4. 松开灯罩周围螺栓，移除灯罩		
5. 松开螺钉取出灯固定组件		
6. 取出灯并固定灯背部的电线		
7. 连接电线到新的灯		
8. 安装新的垫圈		
9. 把灯安装到槽里面，确保灯丝在水平位置		
10. 安装路灯固定组件，确保灯固定组件上的凹槽在灯的顶部，然后用手带上螺栓		
11. 取下警告牌并关上对应跳开关和电门		
12. 着陆灯测试		
13. 安装灯罩组件		
14. 恢复飞机机翼前缘和缝翼		
15. 移除电源		

参考图：

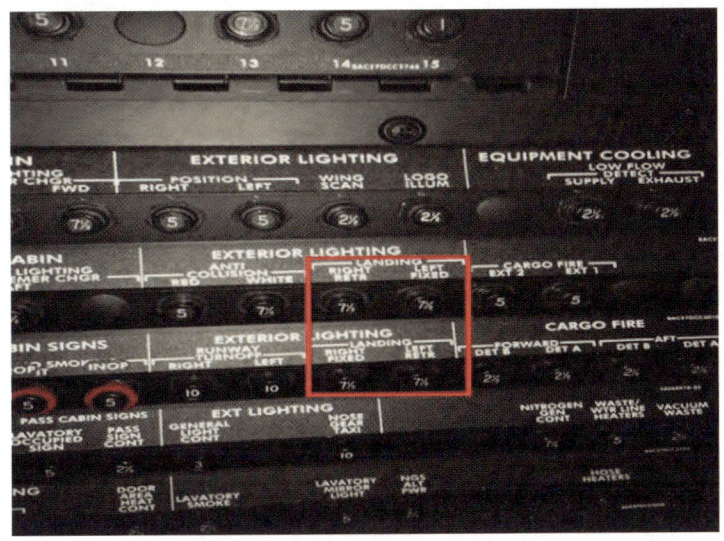

图 10-3　着陆灯跳开关

（6）完工状态：

工作结束后的检查和场地恢复	工作签署	检查签署
1. 检查各个指定位置保险装置安装的状态，避免出现错装、漏装的现象		
2. 清点、检查工具的状态和数量，并将工具归还至指定位置		
3. 清点、检查剩余的耗材，并将其归还至指定位置		
4. 检查、清理工作场地，确保工作场地中没有遗留任何多余物		
5. 获得指导教师完工签署		*

相关扩展工作：

有条件的教员可以带领学生在拆装空调温控面板后进行其功能测试。

注意：该测试如果操作不当有可能造成设备损坏和人员伤害。

建议该测试由教员执行，学生进行观摩熟悉（主要结合空调系统原理进行讲解）。

1. 对新的灯泡进行测试

（1）在顶板 P5 上，将固定着陆灯电门设置为接通模式。

① 确保新的灯泡亮。

② 如需调整光束，进行下列任务：固定着陆灯 – 光束调节，任务 33-42-01-820-801。

（2）将电门设置到断开模式。确保灯熄灭。

2. 子任务 33-42-01-410-001

（1）进行这些步骤以安装透镜组件：

① 如果透镜开口周围的胶带受损，进行下列步骤：

a. 拆下并报废损坏的胶带。

b. 围绕透镜孔的周长贴上 Skyflex 胶带，G50066。

② 如果脐带过长，折叠它以匹配开口，但不要超过 4 次。注：不要拉紧胶带。

使用尖锐工具在 15 个孔位戳一个 25 英寸（6.35 mm）孔。注：胶带不留其他切口。

③ 安装带有螺桩[1]的透镜组件[3]。

a. 拧紧每个螺栓，力矩为 20 到 25 英寸·磅（2.3～2.8 N·m）。

b. 将飞机恢复到其常规状态

3. 子任务 33-42-01-860-025

（1）进行下列步骤重新启用前缘襟翼和缝翼：

① 如果执行后缘襟翼系统解除，任务 27-51-00-040-801 来解除前缘襟翼和缝翼，进行该任务：后缘襟翼系统恢复，任务 27-51-00-440-801。

② 如果执行解除前缘襟翼和缝翼，任务 27-81-00-040-801 来解除前缘襟翼和缝翼，进行该任务：恢复前缘襟翼和缝翼，任务 27-81-00-440-801。

4. 子任务 33-42-01-860-006

如果不必要，移去电源。进行本任务：撤除电源，任务 24-22-00-860-812。

课后提升

驾驶舱有很多系统指示灯都设置有明亮位（BRT）和暗亮位（DIM），可以通过主暗亮测试电门控制（见图 10-4）。当主暗亮测试电门置于 TEST 位时，可以对主暗亮系统进行测试。

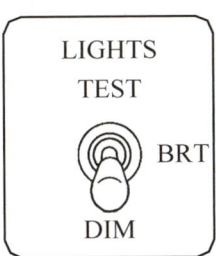

图 10-4　灯光测试电门

当外界环境光线较强时，为了防止机组看不清面板上的灯光指示，需要将主暗亮测试电门置于 BRT 位从而增加各指示灯的亮度；当外界环境光线较暗时，为了防止指示灯的强光影响机组，需要将主暗亮测试电门置于 DIM 位以降低指示灯的亮度。

驾驶舱各个系统指示灯的明暗亮主要由 P1-3 面板的主暗亮测试电门和 P6 面板内部的两个继电器 R33、R34 控制。

（1）当主暗亮测试电门处于 BRT 位时，R33、R44 线圈未通电，R34 电门位置如图 10-5 所示，各系统指示灯直接从供电端得到 28 V 直流电从而处于明亮位。注：此时只点亮正常工作的指示灯。

（2）当主暗亮测试电门处于 DIM 位时，R34 线圈通电，从而使内部电门处于 DIM 位，各指示灯供电端经过一个稳压管分压后得到一个低于 28 V 的直流电，从而使指示灯处于暗亮位，如图 10-6 所示。

当 M209 稳压管被击穿时（见图 10-7），稳压管无法起到分压作用，从而使 C315、C316 下游的指示灯直接得到 28 V 直流电而处于明亮状态（对于正常工作的指示灯）。

（3）当主暗亮测试电门处于 TEST 位时（见图 10-8），R33 线圈通电，从而使内部电门处于 TEST 位，各指示灯直接从供电端得到 28 V 直流电，从而使所有相关指示灯处于明亮位。

根据上述线路图分析可知，对于暗亮功能失效的指示灯，根据 SSM 中不同系统的连接组合方式，即可判断出故障源（见图 10-9）。

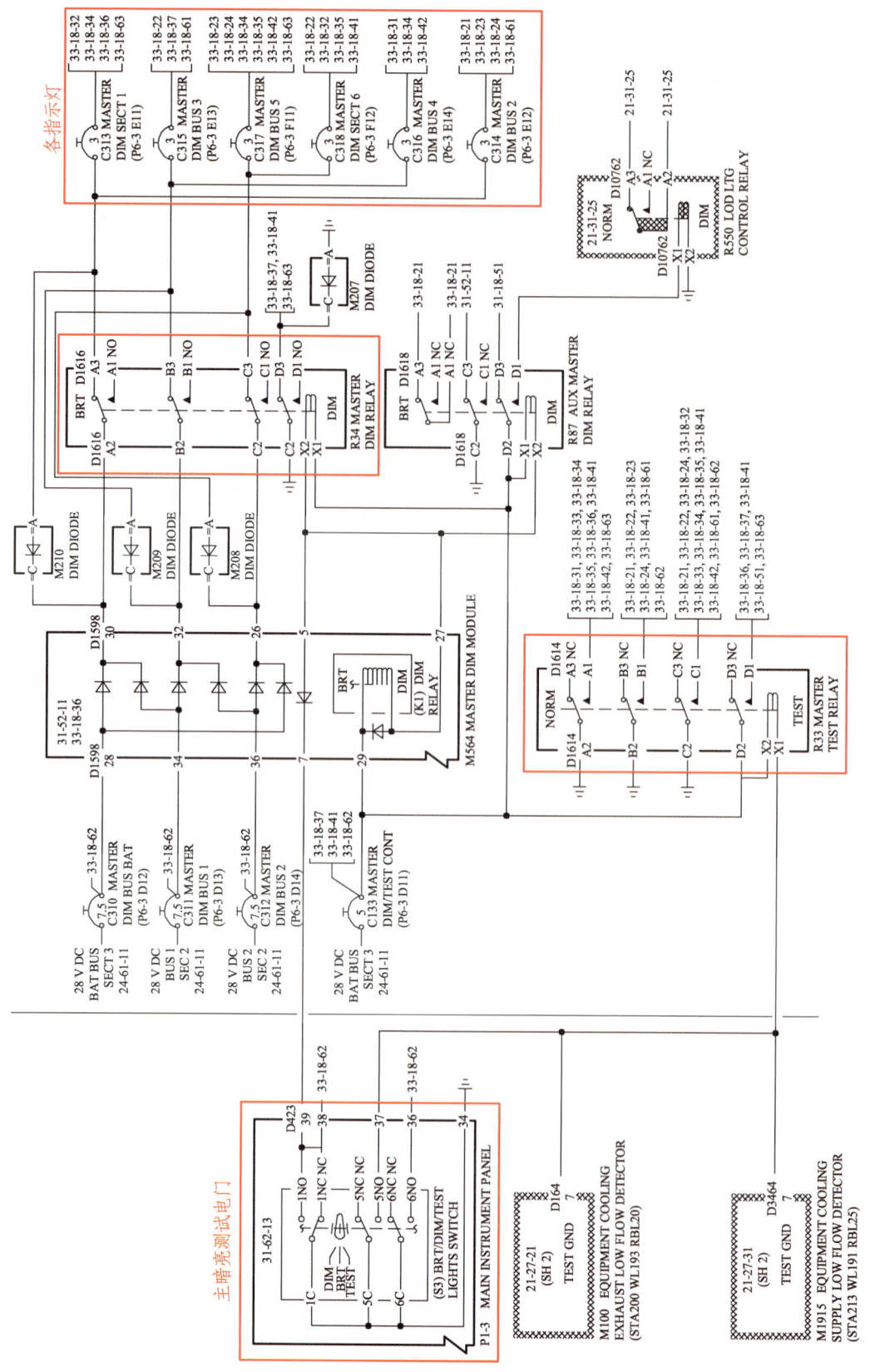

图 10-5　主暗亮测试电门处于 BRT 位时

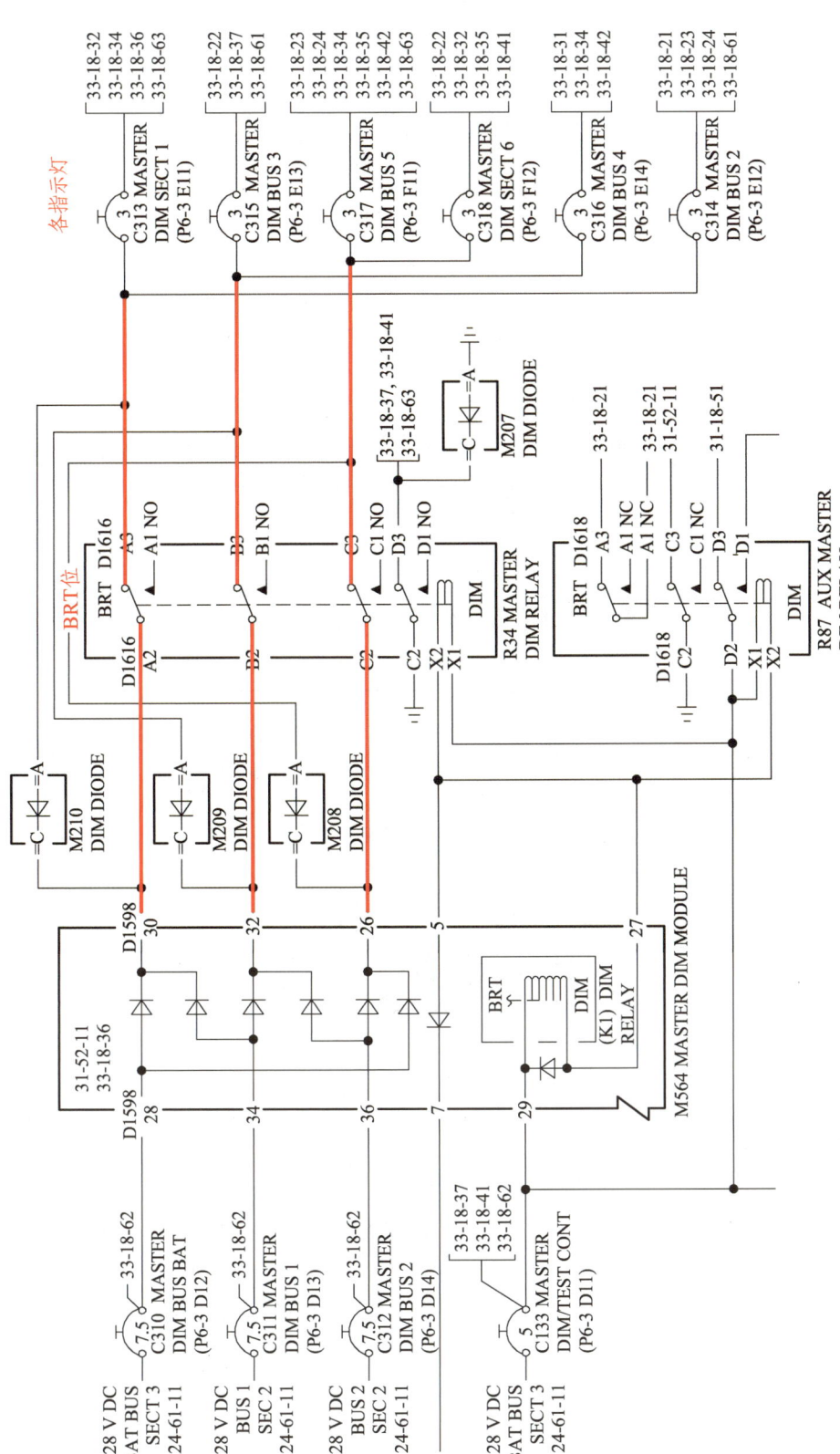

图 10-6　当主暗亮测试电门处于 DIM 位时

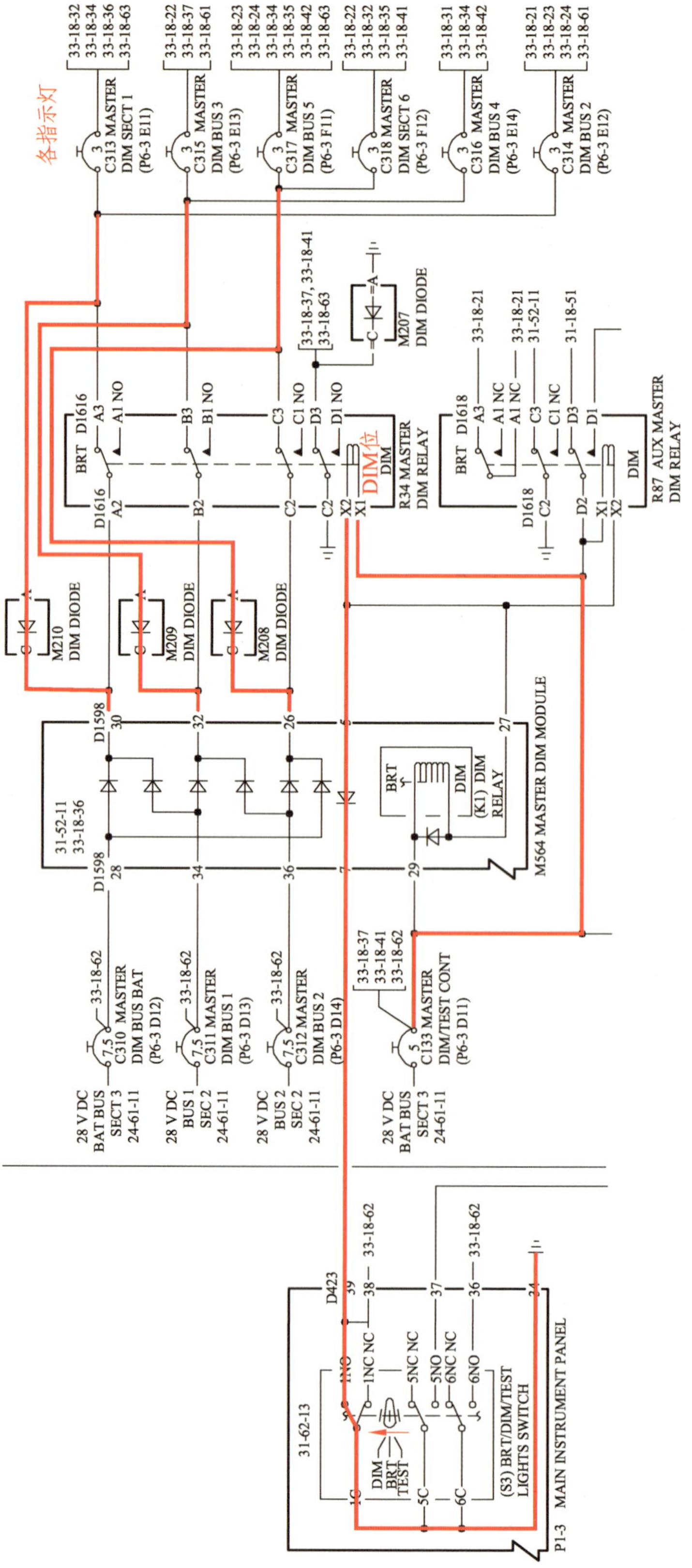

图 10-7 当 M209 稳压管被击穿时

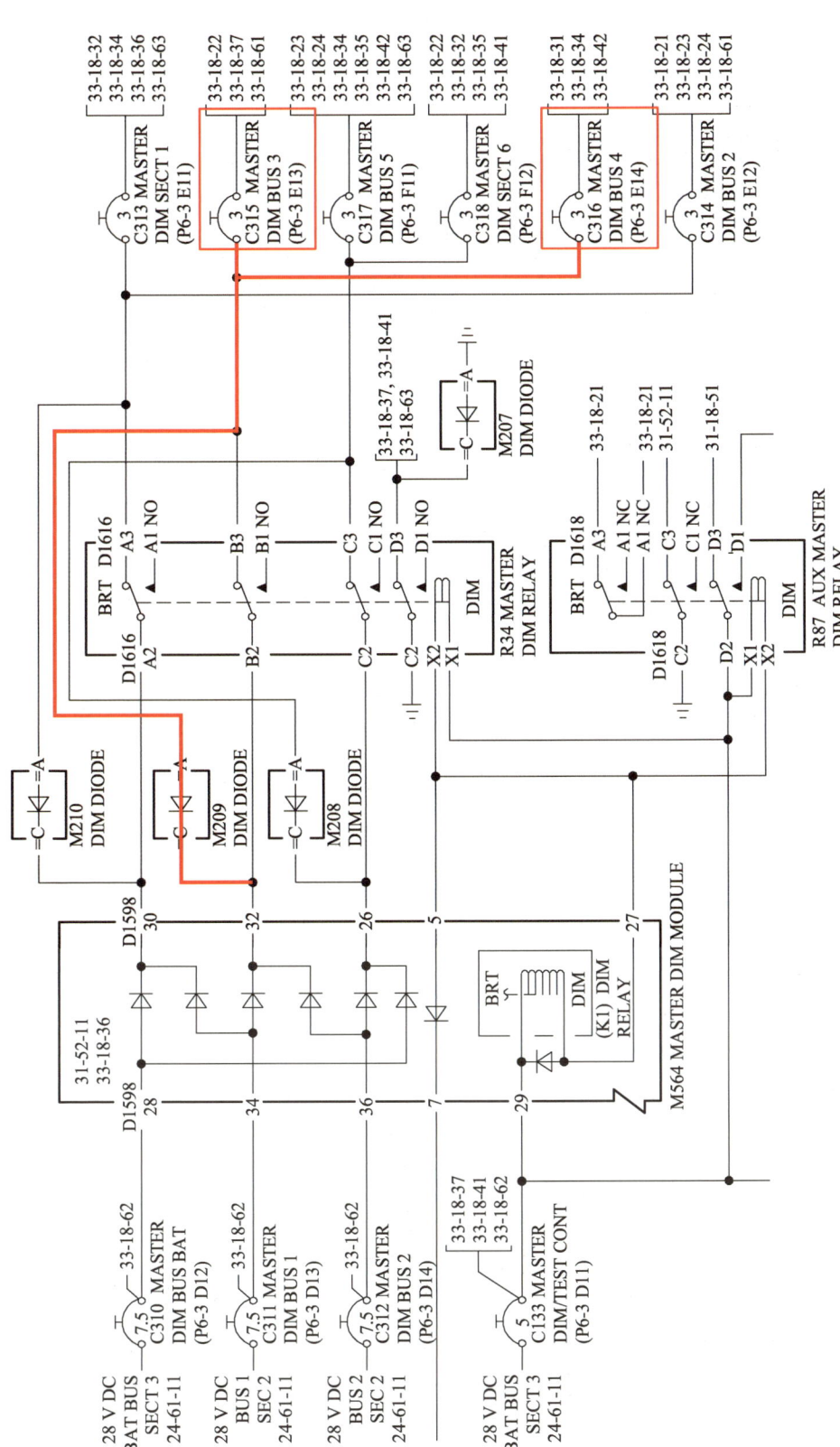

图 10-8 主照亮试电门处于 TEST 位时

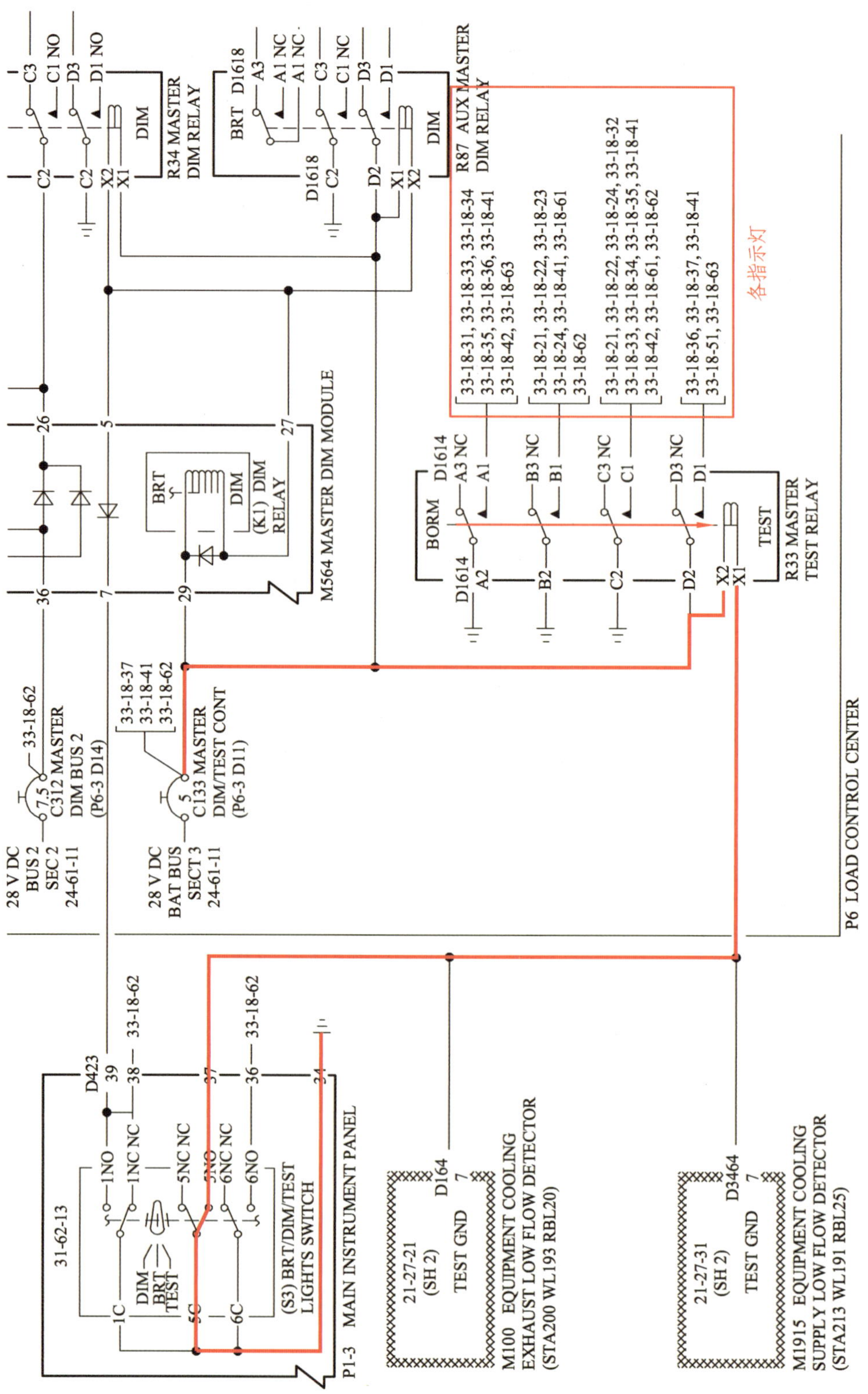

图 10-9 故障逻辑电路图

模块 11　典型飞机仪表指示系统的维护

模块 11　典型飞机仪表指示系统的维护

教学目标

【知识目标】

1. 学生能够了解飞机仪表指示系统的分类及功能；
2. 学生能够说出进行飞机仪表指示系统维护的操作要点和注意事项。

【技能目标】

1. 学生能够合理规范使用工具进行拆装工作；
2. 学生能够根据工卡规范进行飞机仪表指示系统的维护。

【素养目标】

1. 具有从事民航事业所必要的政治素质；
2. 具有较强的安全意识和质量意识；
3. 具有良好的团队合作和沟通交流能力；
4. 具有制订工作计划的方法能力；
5. 具有解决实际问题的工作能力；
6. 具有较强的创新能力。

任务导入

根据纪录片《空中浩劫第七季》第 6 集的记录，2005 年 8 月 6 日，突尼斯国际航空 1153 号班机由 ATR-72 螺旋桨客机执飞，计划从意大利巴里国际机场飞往突尼斯杰尔巴的杰尔巴-扎齐斯机场，机上载有 35 名乘客及 4 名机组人员。当地时间下午 2 点 30，飞机按时起飞。在起飞 49 min 后，距离巴勒莫市约 18 英里（约 29 km）的地中海地带时，可怕的事情发生了——飞机的右发动机突然停止运转。

机长在报告了这一紧急情况后立刻要求下降，因为下降至空气密度较高的地方，螺旋桨会运作更加有效，这样可以达到最佳单发动机飞行效果。下降后，飞机驾驶员首次尝试重启右发动机，无效。不到 2 min 后，左发动机也失灵了，低压警示灯亮起（警示发动机油压过低），许多仪器也因发动机的失效而接连停止工作。机组人员只能寄希望于备降距离最近的巴勒莫机场。可根据 ATR-72 螺旋桨客机向前行进 16 英尺（约 4.87 m）就会下降 1 英尺（约 0.3 m）的下降速度来计算，距离 48 英里（约 77 km）以外的巴勒莫机场远远超出了飞机可滑翔的距离。这表示，双发若无法重启，他们就不得不选择难度最大、最危险的海上迫降。

机长再次查看油表，确认剩余油量充足，还有 1 800 kg 油，这让他们再次陷入"为何双发失效"的困惑中。几分钟后，飞机在巴勒莫国际机场东北 23 海里（约 43 km）处与海平面相撞，机身断成三截，机尾与大部分机身沉至海底，包含两片机翼的最大残骸漂浮在海上，这也成了生还者的"救命稻草"。最终，突尼斯航空 1153 号班机 16 人遇难，23 人生还。

调查过程中发现，机长在飞机失事的前一天开过这架失事客机，并在下机时提过油量指示器存在问题，同时注明其警示灯故障，需要更换。调查组通过打捞上来的驾驶舱残骸证明，工作人员确实更换了油量指示器，但却为这架失事的 ATR-72 型飞机更换了 ATR-42 型飞机的油量指示器。72 型与 42 型飞机的燃油箱大小不同，油量指示器不能自动转换，以致机长误认为飞机剩余油量 1 800 kg，然而实际上燃油箱却是空的。

知识准备

在各种型号的民航飞机驾驶舱中可以看到多种航空仪表，它们的功能是用于显示飞机实时的飞行参数和发动机以及其他系统的参数。航空仪表按功能可以分为飞行仪表、发动机仪表和其他系统仪表。飞行仪表主要用于显示飞行数据和导航数据，它们位于正、副驾驶的仪表板上；发动机仪表安装在中央仪表板上，用于显示发动机系统相关参数；其他系统仪表是飞机上其他系统或设备中使用的测量仪表的统称。

现代飞机电子仪表系统主要由显示组件（Display Unit，DU）、显示计算机和相应的控制面板组成。不同飞机制造商使用不同的名称，如电子仪表系统（Electronic Instrument System，EIS）或者通用显示系统（Common Display System，CDS）等。

一、电子飞行仪表系统（EFIS）组成

电子飞行仪表系统是电子仪表系统的一部分，通常包含四个显示器和两个 EFIS 控制面板。电子飞行仪表系统显示飞行所需的飞行数据和导航数据，分为主飞行显示器 PFD 和导航显示器 ND。主飞行显示器上显示最重要的飞行数据，如飞机的姿态、空速、高度、航向等。导航显示器显示飞机的导航信息，可通过 EFIS 控制面板选择不同的显示模式，导航显示器上显示的所有信息来自飞机的各个导航系统。

二、电子中央监控系统

传统飞机通过点亮头顶面板的故障灯、显示故障旗等方式来显示异常状态，我们称之为本地警告。现代飞机增加了电子中央监控系统，电子中央监控系统的警告方式，我们称之为中央警告。中央警告会根据飞机异常状态生成对应的文字信息，并通过主提醒灯、驾驶舱的扬声器提醒机组。

三、飞行状态监控系统

飞机状态监控系统（Airplane Condition Monitoring System，ACMS）的主要功能是实时监控发动机、APU 和飞机系统的参数，对收集的各种参数进行处理，生成多种报告。维护人员根据这些实时参数或者报告来监控参数的变化趋势，预测飞机系统的工作情况，以便能及时有效地分析和判断故障。特别是一些重复性的复杂故障，可通过分析 ACMS 数据来确定故障原因。

四、警告系统

警告系统主要包括高度警告系统、超速警告系统和失速警告系统。高度警告系统的作用是飞机到达或离开预选的目标高度时，发出视觉和音响信号提醒机组人员。超速警告功能是飞机的当前空速超过设计的最大安全速度时，提供视觉和音响警告来提醒机组人员。失速警告系统功能是飞机发生失速前向机组人员发出警告。

五、典型飞机仪表指示系统维护安全注意事项

失速警告系统测试时,人员与驾驶杆保持一定空间,防止测试时驾驶杆的抖动造成人员受伤。

安全管理

(1)进行飞机仪表指示系统拆装应遵照正确的拆装步骤及方法,不得通过旋钮将组件拔出。
(2)仪表指示系统安装时应确保组件与仪表板贴合,不得有空隙。
(3)不要使用任何可能产生火花的材料、工具。
(4)使用必要的已经处理过的电气/电子设备。
(5)确认保证安全工作的正常通风,否则使用呼吸设备。
(6)不要在地面拖动、移动金属物体。
(7)工作场地要保持清洁,避免杂物乱放,防止绊倒。
(8)避免工具碰伤、划伤零件。
(9)保持施工场地清洁、整齐。
(10)施工完毕后,检查施工质量,进行互查和专门检查。
(11)规范施工:熟悉各项基本技能的标准操作规范,明确施工重点和质量要求,严格按照工艺工卡规范施工;明确安全要素和注意事项,保障飞机及发动机安全可靠工作。

> 任务实施

工作任务 11-1　TB20 发动机监控仪表拆装

工作编号：SXPA-48	工作名称：TB20 发动机监控仪表拆装	
实训课时：2	工作日期：	工作地点：

（1）系统了解：

指示记录系统在 ATA100 体系中章节号为＿＿＿＿＿＿＿＿＿＿＿＿＿＿＿＿＿＿＿＿＿＿。

（2）翻译如下指示记录系统的描述（节选自波音 737-500AMM 手册）：

A. The flight data recorder system digitally records, on magnetic tape, selected signals received during the last 25 hours of airplane operation. The signals are received from other airplane systems and sensors.

B. The system consists of a flight data recorder, accelerometer, trip and date encoder and the flight recorder TEST-NORMAL switch and OFF light on the FLIGHT RECORDER AND MACH AIRSPEED WARNING module.

（3）在 AMM 手册中找到关于发动机仪表系统的章节号＿＿＿＿＿＿＿＿＿＿＿＿＿＿＿＿＿。

在 IPC 手册中找到关于发动机仪表系统的章节号＿＿＿＿＿＿＿＿＿＿＿＿＿＿＿＿＿＿＿。

（4）工作前准备：

准备项目	准备工作	完成签署	检查签署
工具和设备	常用公制工具箱、防静电手腕带、LRC 表、防静电手腕带测试器		
劳保用品	纸胶带、设备插头堵盖		
注意事项	1. 电气仪表施工，注意静电防护； 2. 拆卸之前确保主电门在 OFF 位		
授权	获得指导教师工作授权（必检）		*

（5）操作：

操作流程	工作者签署	检查签署
1　手册查询 查询 B-8924TB20 飞机发动机监控仪表拆装程序的章节号和发动机监控仪表的件号。 拆装程序：_____ 件号：_____		
2　拆除发动机监控仪表		
2.1　测试防静电手腕带，确保腕带正常工作，将腕带可靠接地		
2.2　主电门开关在开位		
2.3　拆除中央控制台上部（参考 31-10-02）		
2.4　拆除螺钉		
2.5　从中央控制台脱开发动机监控仪表		
2.6　断开电插头、检查电插头、安装堵盖 插钉状态：_____		
2.7　拆除发动机监控仪表		
2.8　如果发动机监控仪表必须更换，则继续进行以下步骤		
2.9　拆除延长螺钉和垫片，然后从发动机监控仪表连接过滤适配器上断开过滤适配器，安装新的发动机监控仪表		
2.10　安装垫片和延长螺钉		
2.11　检查仪表的状态 检查结果：_____		

参考图：

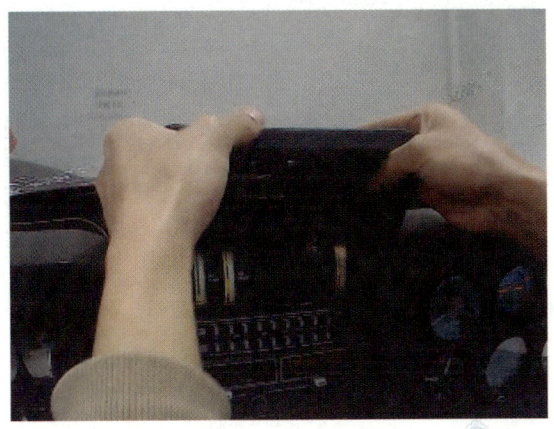

图 11-1　拆下遮阳板

图 11-2　拆下电台螺丝

图 11-3　拆下发电机监控仪表螺丝

图 11-4　拆下发电机监控仪表

TB20 发动机监控仪表拆装

（6）完工状态

工作结束后的检查和场地恢复	工作签署	检查签署
1. 检查各个指定位置保险装置安装的状态，避免出现错装、漏装的现象		
2. 清点、检查工具的状态和数量，并将工具归还至指定位置		
3. 清点、检查剩余的耗材，并将其归还至指定位置		
4. 检查、清理工作场地，确保工作场地中没有遗留任何多余物		
5. 获得指导教师完工签署		*

工作任务 11-2　校验动压系统密封性

工作编号：MEP-R/I-15	工作名称：校验动压系统密封性	
实训课时：2	工作日期：	工作地点：

（1）系统了解：

动静压系统在 TAT100 体系中章节号为_____。

（2）翻译如下大气系统的描述（节选自波音 737-500AMM 手册）：

The pitot-static system test has procedures for the low-range and full- range leak tests. These leak tests cannot be done as a pre-flight tests because they require a source of air as an input to the pitot static system. A check of the indications on the air data instruments is the only test that can be done as a pre-flight check.

B. You can do the pitot system low-range leak test and the static system low-range leak test to quickly make sure that the pitot and static systems are operational. A full-range leak test is recommended when there is a leak or the results of the low-range leak test are inconclusive or unsatisfactory.

（3）在 AMM 手册中找到关于校验动压系统密封性的章节号_____。

（4）工作前准备：

准备项目	准备工作	完成签署	检查签署
工具和设备	COM1912/1914 校验器		
劳保用品	手套、纸胶带、保险丝		
注意事项			
授权	获得指导教师工作授权（必检）		*

（5）操作：

操作流程	工作者签署	检查签署
动压系统密封性校验：		
（1）将试验器动压管路与飞机上动压管路连接好，使动静压转换开关转到动压位置		
（2）用手捏动压管路，观察空速表指示应有摆动		
（3）关闭动压供气和动压放气开关		
（4）打开动压供气开关		
（5）缓慢打开动压蓄压器开关，使空速表指示缓慢上升		
（6）当空速表指示上升到 200 km/h，关闭蓄压器开关，空速表指示不应下降。如下降应停止校验，查明原因		*
（7）若空速表指示不下降，继续缓慢打开蓄压器开关，使空速表指示上升。当空速表指示上升至 500 km/h，关闭蓄压器开关，关闭动压开关。1 min 内空速表指示不下降，说明该系统密封性符合要求		
（8）缓慢打开试验器动压放气开关，当空速表缓慢下降，直至回零后，方可脱开试验器与飞机动压管路		
（9）填写动压系统密封性校验结果：_____		*

参考图：

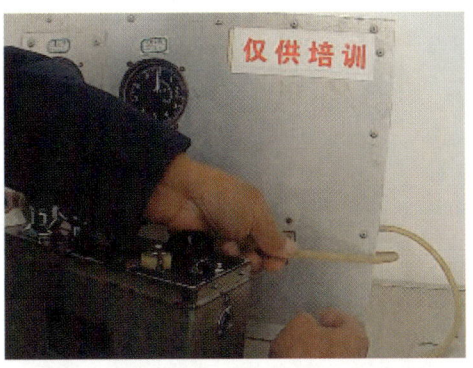

图 11-5　手捏管路观察空速表指示

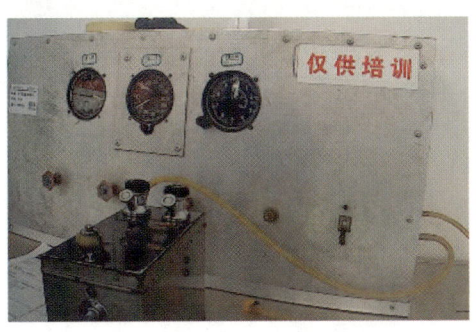

图 11-6　打开供气开关，观察空速表位置

校验动压系统密封性

（6）完工状态：

工作结束后的检查和场地恢复	工作签署	检查签署
1. 检查各个指定位置保险装置安装的状态，避免出现错装、漏装的现象		
2. 清点、检查工具的状态和数量，并将工具归还至指定位置		
3. 清点、检查剩余的耗材，并将其归还至指定位置		
4. 检查、清理工作场地，确保工作场地中没有遗留任何多余物		
5. 获得指导教师完工签署		*

工作任务 11-3　校验静压系统密封性

工作编号：MEP-R/I-15	工作名称：校验静压系统密封性
实训课时：2	工作日期：　　　　　工作地点：

（1）系统了解

动静压系统在 TAT100 体系中章节号为＿＿＿＿＿＿＿＿＿＿＿＿＿＿＿＿＿＿＿＿＿＿。

（2）翻译如下大气系统的描述（节选自波音 737-500AMM 手册）：

The pitot-static system test has procedures for the low-range and full-range leak tests. These leak tests cannot be done as a pre-flight tests because they require a source of air as an input to the pitot static system. A check of the indications on the air data instruments is the only test that can be done as a pre-flight check.

B. You can do the pitot system low-range leak test and the static system low-range leak test to quickly make sure that the pitot and static systems are operational. A full-range leak test is recommended when there is a leak or the results of the low-range leak test are inconclusive or unsatisfactory

（3）在 AMM 手册中找到关于校验静压系统密封性的章节号＿＿＿＿＿＿＿＿＿＿＿＿。

（4）工作前准备：

准备项目	准备工作	完成签署	检查签署
工具和设备	COM1912/1914 校验器		
劳保用品	手套、纸胶带、保险丝		
注意事项			
授权	获得指导教师工作授权（必检）		*

（5）操作：

操作流程	工作者签署	检查签署
动压系统密封性校验：		
（1）将校验器静压管与飞机静压管连接好		
（2）关闭静压源和静压放气开关（拧松进气开关）		
（3）用手捏紧静压软管，查看升降速率表和高度表，应有轻微摆动现象以证明管路连接正确		
（4）摇动手摇把，使仪器有一定的静压，缓慢打开静压源开关，同时观察升降速率表指示，控制升降速率表指示不超过 10 m/s，使空速表、高度表平稳上升（当静压不够时摇动手柄补充使各表缓慢上升）		
（5）当空速表指示上升到 200 km/h，关闭静压源开关，观察空速表指示是否下降，如有下降，应停止校验，查明原因		*
（6）如空速表指示不下降，再缓慢打开静压源开关，保持升降速率表指示不超过 10 m/s，使空速表指示上升到 500 km/h，关闭静压源开关，观察空速表指示 1 min，其读数下降不超过 15 公里/小时，则说明系统密封性符合要求		*
（7）再缓慢打开静压放气开关，并观察升降速率表指示，其下降率不超过 10 m/s。使空速表和高度表指示下降，直至完全回零，充分打开放气开关		
（8）脱开校验器与飞机连接的静压管路		
（9）填写静压系统密封性校验结果：＿＿＿＿＿＿＿＿		*

参考图：

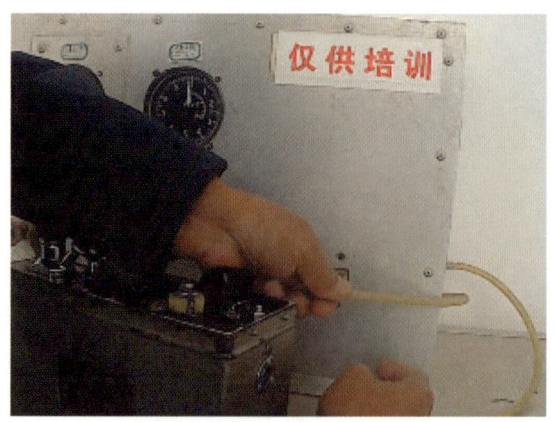

图 11-7　手捏静压软管

校验静压系统密封性

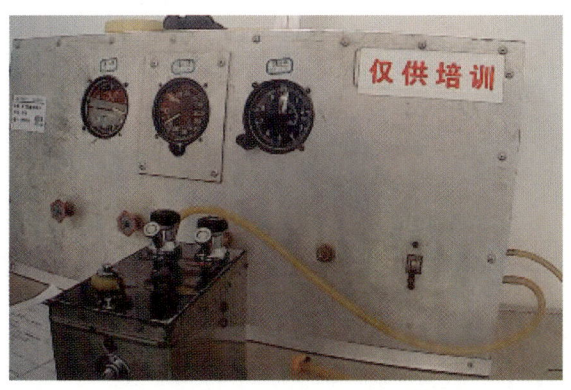

图 11-8 打开供气开关观察

(6) 完工状态:

工作结束后的检查和场地恢复	工作签署	检查签署
1. 检查各个指定位置保险装置安装的状态,避免出现错装、漏装的现象		
2. 清点、检查工具的状态和数量,并将工具归还至指定位置		
3. 清点、检查剩余的耗材,并将其归还至指定位置		
4. 检查、清理工作场地,确保工作场地中没有遗留任何多余物		
5. 获得指导教师完工签署		*

工作任务 11-4　飞机耗量表传感器的拆装、检查、测量

工作编号：	工作名称：飞机耗量表传感器的拆装、检查、测量	
实训课时：2	工作日期：	工作地点：

（1）系统了解：

飞机耗量表在 ATA 100 中章节号为＿＿＿＿＿＿＿＿＿＿＿＿＿＿＿＿＿＿＿＿＿＿＿＿＿＿＿。

（2）翻译如下飞机油量指示系统的描述（节选自波音 737-500AMM 手册）：

(1) Components in the control cabin include a fuel quantity indicator and a capacitance trimmer for each fuel tank, an indicator test switch found above the fuel quantity indicators, and a fuel summation unit.

(2) Components at the refuel station on the wing include a refuel quantity indicator for each fuel tank and an indicator test switch. The refuel quantity indicators repeat the fuel quantity shown by the fuel quantity indicators in the control cabin. The refuel quantity indicators operate only when the access door for the refuel station is open.

（3）在 AMM 手册中找到关于拆装飞机耗量表传感器拆装的章节号＿＿＿＿＿＿＿＿＿＿＿＿。

在 IPC 手册中找到关于飞机耗量表传感器拆装的章节号＿＿＿＿＿＿＿＿＿＿＿＿＿＿＿＿。

（4）工作前准备：

准备项目	准备工作	完成签署	检查签署
工具和设备	部件拆装常用工具箱、LCR 表		
劳保用品	清洁剂、纸胶带、清洁布、保险丝		
授权	获得指导教师工作授权（必检）		*

（5）操作：

施工步骤	工作者签署	检查签署
1　分解		
1.1　在涡桨发动机上观察耗量传感器的安装状况		
1.2　拆除两个插头铜保险，分别做好标记		
1.3　分别拆除两头波型导管的保险丝，并拧松夹子		
1.4　拧松两传感器与支架的四个螺帽，并取下（注意保护好减振垫）		
1.5　取下两头波型导管，并做好封堵		
1.6　取下传感器进行外表检查		
2　目视检查与测试		
2.1　取下传感器进行外表检查		
2.2　对两个插头插座插钉进行通路测试		
2.3　对两插钉进行通路测试		
2.4　对5号插钉与1、2、3号插钉之间的通路进行测试。 测试结果：＿＿＿＿＿＿＿＿＿＿＿＿＿＿＿＿		
3　安装		
3.1　将耗量传感器装回支架（注意减振垫安装）		
3.2　装好两头波型导管与接地线，分别打好保险		
3.3　拧好两个插头并分别打好铜保险丝		

参考图：

图 11-9　油耗表安装位置

飞机耗油量表传感器的
拆装、检查、测量

图 11-10　测试两插钉的通路

（6）完工状态：

工作结束后的检查和场地恢复	工作签署	检查签署
1. 检查各个指定位置保险装置安装的状态，避免出现错装、漏装的现象		
2. 清点、检查工具的状态和数量，并将工具归还至指定位置		
3. 清点、检查剩余的耗材，并将其归还至指定位置		
4. 检查、清理工作场地，确保工作场地中没有遗留任何多余物		
5. 获得指导教师完工签署		*

课后提升

电子飞行仪表中显示器发展的主要趋势为一体化、集中化。由于电子工业的发展，电子显示器的可维护性、可靠性得到了有效的提高。显示器的重量、发热量、功耗和体积都得到了有效的控制，且可视角度、色域、亮度也得到了有效的扩展。大屏一体化的显示器将来会成为电子飞行仪表系统设备发展的主要方向。

在进入 21 世纪后，航电系统设备供应商在电子飞行仪表系统中又加入了平视显示器 HUD、电子飞行包显示器 EFB 等，使得飞行员的工作负荷进一步降低，飞行品质和安全性得到一定的提升。

波音 787 与空客 A350 均安装有平视显示器。通过平视显示器，飞行员可以在关注飞机外部环境的同时，不用低头看下部显示器 HDD，并且同时能够得到部分重要的飞行数据、信息。通常 HUD 显示的信息包括飞机的姿态、高度和速度等。

为了提高飞行的安全和降低驾驶员的飞行负荷与飞机的飞行成本。一系列新的功能被投入电子飞行仪表系统中，包括综合视景系统 SVS、增强视景系统 EVS、场内引导系统等。通过外部传感器和内部数据库的支持，在电子飞行仪表系统中对外部环境进行模拟显示或部分强化显示，以增强飞行员的可视能力。在以上系统的帮助下，飞行员能够有效地实现 CATIII 类进近入场。通过场内引导，飞行员能够更有效、快捷地将飞机停靠，大大增加了通过性和签派效率。

在集成化和显示器技术的推进下，驾驶舱的显示器有着进一步的融合、扩大趋势。例如波音 787 飞机的布局中，利用分屏的技术，将一块大的显示器分别显示了 ND 和 ED 的内容。该类革新通过减少显示器的个数，降低了维护的成本，提高了显示器的可维护性、机上信息的集中度。

模块 12　飞行通信系统部、附件拆装

教学目标

【知识目标】

1. 学生能够了解飞机通信系统的工作原理;
2. 学生掌握飞机甚高频系统的工作原理和结构组成;
3. 学生能够说出进行飞机通信系统部、附件拆装的操作要点和注意事项。

【技能目标】

1. 学生能够合理规范使用工具进行拆装工作;
2. 学生能够规范进行飞机通信系统部、附件拆装流程。

【素养目标】

1. 学生要具备精益求精、严谨专注、耐心坚持、专业敬业的民航工匠精神;
2. 具备严谨、专业、诚信的维修作风;
3. 学生能够做到"三个敬畏"(敬畏生命、敬畏规章、敬畏职责)、"四个意识"(规章意识、风险意识、举手意识、纪律意识)、"五个到位"(准备到位、施工到位、测试到位、收尾到位、交接到位);
4. 学生能够正确实施"工具三清点",任务实施过程中不出现丢失工具的情况;
5. 学生能按照工卡步骤施工,不出现工步骤遗漏的情况,具备"九字方针"(看一条、做一条、签一条)意识,诚信记录,按要求签署工卡;
6. 具备安全意识,不做出可能造成航空器/设备损坏、人员受伤的行为。

任务导入

2019 年 3 月 10 日,埃塞俄比亚航空一架 737 MAX 8 客机起飞后约 6 min 从空管雷达上消失,随后发现其坠毁。每一次事故,都令人悲痛,但这些血淋淋的教训警示着人们,任何一次疏忽,代价都将无比惨痛。

同年全国两会期间,代表委员们提及中国民航的安全记录,纷纷点赞"相比其他国家的民航安全,近十年来,中国民航的安全成绩有目共睹。"安全是民航的重中之重。每一次安全飞行背后,都有一套成熟的无线通信系统为其保驾护航。

那飞机上都有哪些通信系统,又是如何保证安全的呢?飞机通信系统对于飞行安全有决定性作用,因此我们务必掌握飞机通信系统部、附件的拆装工作流程。

知识准备

一、通信系统概述与组成

1. 概　述

通信系统为飞机建立与地面或其他飞机间的通信联系,可分成三个部分:① 飞机内部通信系统；② 无线电通信系统；③ 事故调查系统。

飞机内部通信系统包含内话系统和客舱广播系统。内话系统包含飞行内话、客舱内话和勤务内话。飞行内话用于驾驶舱机组之间及驾驶舱机组与地面飞行内话插孔处的通信；客舱内话用于驾驶舱机组与客舱乘务员及客舱乘务员之间的通信；勤务内话用于驾驶舱机组与飞机其他勤务区域的通信。

无线电通信系统包括 VHF 系统、HF 系统、SATCOM 系统和 ACARS 系统。甚高频（VHF）通信系统用于飞机和地面或飞机和飞机之间近距离通信；高频（HF）系统利用高频信号会被电离层反射的现象进行远距离通信；卫星通信系统（SATCOM）可以为机组提供全球通信，飞机上的乘客也可以付费使用卫星通信；飞机通信寻址和报告系统（ACARS）利用 VHF、HF 或 SATCOM 系统在飞机和地面之间传输关于飞行和维护数据等信息。

事故调查系统包括话音记录器（CVR）和应急定位发射机（ELT）。驾驶舱话音记录器系统（CVR）记录驾驶舱内全部语音信息，以便日后进行事故调查；应急定位发射机（ELT）可以在事故发生后帮助救援人员确定失事飞机位置。

通信系统控制部件位于驾驶舱，主要包含无线电调谐面板（RMP）和音频控制面板（ACP）。无线电调谐面板用于无线电通信系统的频率调谐；音频控制面板为耳机和麦克风选择不同的系统及通道。事故调查系统的主要部件位于驾驶舱头顶板和客舱内。

2. 无线电原理

无线电通信是将需要传送的声音、文字、数据、图像等电信号调制在无线电波上经空间或地面传送至对方的通信方式。任何形式的通信都由两部分构成：第一部分是需要交换的信息，第二部分是传输信息的载体。载体可以是一张纸，如信、用于记录数字式数据的 CD-ROM 或电话线。飞机上的内话系统、客舱广播系统、话音记录器系统使用电缆作为载体来传输信息。

二、甚高频通信系统（VHF）

1. 甚高频通信系统简介

VHF 通信系统用于短距离话音通信和数据交换，工作频率在 118~136.975 MHz，频道之间的间隔为 25 kHz，一共有 760 个频道。随着飞机数量不断增加，空域越来越繁忙，现有频道资源逐渐枯竭，因此现代飞机将频率间隔调整为 8.33 kHz，大约有 2 000 个频道可供使用。需要注意的是，121.5 MHz 这个频率是国际规定的紧急频率，正常通信不可占用此频率。当 ELT 触发时，会通过这个频率发射应急求救信号。

2. 系统部件

当代飞机一般有 3 套独立的 VHF 系统，而商业运行最低要求必须有 2 套系统。VHF1 用于机长侧的语音通信，VHF2 用于副驾侧的语音通信，VHF3 一般用于 ACARS 系统的数据通信。但是 VHF1 或 VHF2 故障后，可以使用 VHF3 的语音通信功能。甚高频系统包含收发机和天线，收发机安装在电子舱内，一般 VHF1 天线安装于机身顶部，VHF2 和 VHF3 天线安装在机身下部。

3. 甚高频通信工作流程

一般飞机通过 RCP（频率控制面板）调节 VHF 工作频率，ACP 选择发射和接收通道及调整音量。收发机既可以发射信息，也可以接收信息。正常使用时，先通过 RCP 调整到所需频率，在 ACP 上选择 VHF 发射和接收通道。准备发话前需确认频道无通信，防止干扰同频段其他飞机的正常通信。通过按压 ACP 面板上 RT 开关或侧杆上 PPT 电门进行语音发话，同时可以在耳机中听到自己的说话声音，这就表示发射正常。如果耳机中没有声音，表示信号没有发送出去，可能是 VHF 故障导致。

三、无线电通信测试注意事项

（1）在飞机加油或放油期间，不得操作 HF 系统。这会造成人员伤害和设备损坏。HF 系统传输时，确保人员离垂直尾翼至少 6 英尺。HF 天线的射频能量会造成人员伤害。

（2）确保飞机不接近任何大的金属结构。当飞机停在地面上时，由于地面设备和结构，HF/VHF 通信会因飞机位置而减弱或者因 RF 信号的衰减而被阻断。如果传送和接收的语音信号品质不符合要求，将飞机移到更佳的位置。

安全管理

飞机维修实训时须注意以下安全管理事项：

（1）遵守工作规程和操作规范。在开始工作前，要认真阅读和理解工作规程以及操作规范，并在操作期间严格遵守。

（2）确认设备和工具完好无损。在开始维修工作之前，应检查工具和设备是否完好无损，并确保所有设备和工具的使用是安全的。

（3）确保现场安全。在工作过程中要保证现场的安全，如要确保维修区域没有易燃易爆物品和其他危险物品，维修区域应清洁整齐，至少应有 2 个人在现场进行密切监视。

（4）确认人员资质和权利。参与维修工作的人员应有相关技能的资质，并且在进行工作前应进行适当的培训，并配备必备证件和授权书。

（5）符合安全操作要求。在操作过程中，应注意安全操作要求，如应顺时针旋转螺丝，不应用力过猛，应正确使用工具等。

（6）记录工作细节。在维修过程中要记录维修的细节，如操作步骤，使用的工具和设备，维护的时间和日期等。如果有问题或异常情况发生，应及时记录并通知上级。

（7）严格遵守相关法律法规。在进行飞机维修实训时，要严格遵守相关的法律法规，确保维修过程中不违反安全、环境和劳动法规。

（8）遵守标准化操作程序。在进行飞机维修实训时，应该制定标准化操作程序，保证飞机维修过程符合安全标准，确保所有动作正确、顺序合理，遵循标准程序操作，所有操作流程应简单易懂，并包含关键步骤，由专业人员进行审核并确认后再实施。

（9）确保维修区域的良好通风。飞机维修过程中会产生许多有害气体和粉尘，因此要确保维修区域的良好通风，同时确保员工穿戴防护装备。

（10）保持维修设备的良好状态。修理、保养和测试设备必须维护得足够好，以确保其符合最高的准确性、可靠性和安全性要求，所有设备必须在使用前进行检查，并定期进行维修保养，所有故障设备应尽早报修。

（11）提高人员安全意识。员工必须时刻保持专业警惕、谨慎，服从规定和程序，提高安全意识，互相监督，并在工作中通过自我约束、相互约束来减少事故发生的可能性。

以上安全管理注意事项可以帮助学生提高飞机维修实训的安全性，并减少事故的发生。

工作任务 12-1　B737-500 飞机 VHF 天线拆装

工作编号：SXTA-48	工作名称：B737-500 飞机 VHF 天线拆装实习工卡
实训课时：2 课时	工作日期：	实习工位：飞机施工工位

（1）系统了解：

通信系统在 TAT100 体系中章节号为_____。

（2）翻译如下通信系统的描述（节选自波音 737-500AMM 手册）：

The very high frequency (VHF) communication system provides short-range two-way voice and data communication in the frequency range of 118.000 through 135.975 MHz. The VHF communication system (referred to as the VHF system) receives VHF radio signals, processes them, and sends the resulting audio to audio integration. During transmission, microphone audio from audio integration is processed and transmitted by the VHF system.

（3）选择 B737-500 型飞机的适当手册，查出甚高频天线拆装要求的章节号。

章节号：_____。

选择 B737-500 型飞机的适当手册，查出甚高频天线的件号。

件号：_____。

（4）工作前准备：

准备项目	准备工作	完成签署	检查签署
工具和设备	警告牌、毫欧表、除胶工具、涂胶工具、纸胶带、调胶碗、橡胶手套、电插头保护盖、通用工具箱、英制组合套筒、套筒工具		
劳保用品	清洁剂[3M 橙香清洁剂（8.5OZ/EA）]、密封剂[PS870B1/2（6OZ/SK）]、防腐剂[AV 8（400ML/CAN）]		
注意事项	1. 戴好手套，注意密封剂不要乱涂。 2. 清洁剂和防腐剂有毒，不要乱放		
授权	获得指导教师工作授权（必检）		*

（5）操作：

操作流程	工作者签署	检查签署
1　准备拆卸 VHF 通信天线		
1.1　拔出相应跳开关并挂警告牌		
1.2　P6-1 跳开关面板		
1.3　VHF-2		
1.4　P18-2 跳开关面板		
1.5　VHF-1		
1.6　VHF-3（如果安装）		*
2　拆卸 VHF 通信天线		
2.1　拆卸连接天线底座的 10 个螺钉		
（警示：按照程序中的指示去除密封胶。如果不遵守指示，可能损坏飞机蒙皮）		
2.2　扶住天线，用铲胶工具去除密封胶（参考 PAGEBLOCK 51-31-00/20）		*
2.3　扶着同轴电缆的插头，取下天线		
2.4　断开同轴电缆并拆卸天线		
3　清洁		
3.1 清洁飞机表面（参考 PAGEBLOCK 20-10-34/701）		
3.1.1 铲除飞机蒙皮表面密封胶残留（参考 PAGEBLOCK 51-31-00/201）		
3.1.2 用溶剂和干净的抹布清洁飞机蒙皮		
4　准备安装 VHF 天线		
4.1　拔出相应跳开关并挂警告牌		
4.2　P6-1 跳开关面板		
4.3　VHF-2		
5　安装 VHF 天线		
5.1 如有必要，更换天线上使用过的 O 形密封圈（口述）		
5.1.1 拆下旧密封圈并报废		
5.1.2 装上新的 O 形密封圈		

参考图：

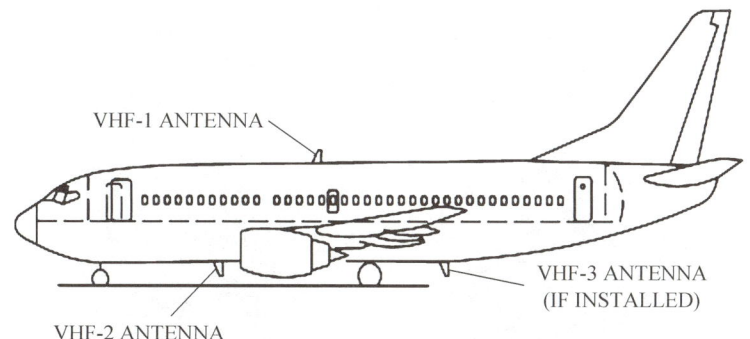

图 12-1　VHF 天线位置

图 12-2　拔出跳开关，挂警告牌

图 12-3　去除密封胶

图 12-4　拆卸连接天线底座的 10 个螺钉

图 12-5　更换天线上使用过的 O 形密封圈（口述）

B737-500 飞机 VHF 天线
拆装实习工卡

（6）完工状态：

工作结束后的检查和场地恢复	工作签署	检查签署
1. 检查各个指定位置保险装置安装的状态，避免出现错装、漏装的现象		
2. 清点、检查工具的状态和数量，并将工具归还至指定位置		
3. 清点、检查剩余的耗材，并将其归还至指定位置		
4. 检查、清理工作场地，确保工作场地中没有遗留任何多余物		
5. 获得指导教师完工签署		*

相关扩展工作：

有条件的教员可以带领学生在拆装空调温控面板后对其进行功能测试。

注意：该测试如果操作不当有可能造成设备损坏和人员伤害。

建议该测试由教员执行，学生进行观摩熟悉（主要结合空调系统原理进行讲解）。

1　VHF 通信天线安装测试

　　1.1　飞机供电（参考 PAGEBLOCK 24-22-00/201）

　　1.2　在不同的 VHF 电台之间调频

确保发射和接收满足要求。

注意： 这不是 VHF 通信系统的完整测试。如果需要进行全系统功能测试，需执行以下任务：VHF 通信系统调整/测试程序，参见 AMM 23-21-00/501 或 AMM 23-21-01/501；安装 ARINC 700/900 VHF 系统的飞机，参见 PAGEBLOCK 23-21-01/501 或 PAGEBLOCK 23-21-00/501。

　　1.3　如果不再需要，须断开电源（参考 PAGEBLOCK 24-22-00/201）

工作任务 12-2　飞机 VHF 天线和 VHF 收发机拆装

工作编号：SXTA-49	工作名称：B737-500 飞机 VHF 天线和 VHF 收发机拆装		
实训课时：2 课时	工作日期：		实习工位：飞机施工工位

（1）系统了解：

通信系统在 TAT100 体系中章节号为＿＿＿＿＿＿＿＿＿＿＿＿＿＿＿＿＿＿＿＿。

（2）翻译如下通信系统关于 VHF 的描述（节选自波音 737-500AMM 手册）：

The VHF transceiver is a solid state transceiver. The VHF transceiver provides 2-way voice and data communications in the 118.000-through 135.975-MHz frequency range for the -3 transceivers and in the 116.000 MHz through 151.975 MHz frequency range for the -3A transceivers. The front panel of the VHF transceiver is fitted with a SQUELCH DISABLE switch, a TRANSMIT POWER light, a PHONE jack, and a MIC jack. The SQUELCH DISABLE switch disables the transceiver squelch circuits and provides a test of the receiver section. The TRANSMIT POWER light comes on when the transmitter output is greater than 10 watts. The PHONE and MIC jacks are provided to connect a microphone and headset directly to the VHF transceiver.

（3）在 AMM 手册中找到关于拆装 VHF 收发机的章节号：＿＿＿＿＿＿＿＿＿＿＿＿＿＿＿。

选择 B737-500 型飞机的适当手册，查出甚高频通信收发机的件号：＿＿＿＿＿＿＿＿＿＿。

（4）工作前准备：

准备项目	准备工作	完成签署	检查签署
工具和设备	常用公制工具箱、封胶工具箱、电子秤、内六角套件、防静电手腕带、防静电手腕带测试器		
劳保用品	密封胶、纱布、清洁剂（酒精）、纸胶带、设备插头堵盖		
注意事项	1. 清除密封胶过程中严禁使用金属工具； 2. 清除密封胶过程中严禁损伤机体结构		
授权	获得指导教师工作授权（必检）		*

（5）操作：

操作流程	工作者签署	检查签署
1　准备拆除甚高频收发机		
1.1　拔出相应跳开关并挂警告牌		
1.2　VHF-2		
1.3　P18-2 跳开关面板		
1.4　VHF-1		
1.5　VHF-3（如果安装）		
2　测试防静电手腕带		
2.1　使用腕带测试仪进行测试		
2.1.1　用腕带测试仪进行测试，选择一个腕带测试仪，将防静电手腕带套上手腕；打开腕带测试仪电源开关，将防静电手腕带终端插头插入测试仪插座；用手按下按压测试金属板，查看设备正面面板指示灯，如果防静电手腕带测试通过，OK 绿灯点亮		
2.1.2　防静电腕带测试失败，NO OK 红灯点亮，所测试的腕带失效报废		
2.2　使用万用表进行测试		*
2.2.2　将防静电手腕带的插头终端与万用表的黑表笔相连，用万用表的红表笔接触手腕带的金属扣一端，测得的电阻范围是 250 kΩ～1.5 MΩ		
2.2.3　将金属扣扣在防静电手腕带上，套上防静电手腕带并用食指和拇指捏住万用表的红表笔，测得的电阻小于 10 MΩ，可以认为防静电手腕带合格		
3　拆除 VHF 通信收发机（参考 PAGEBLOCK 20-10-07/201）		
3.1　正确佩戴防静电手腕带，并连接在机体结构接地点		
3.2　拧松固定旋钮手柄		
3.3　旋转固定夹至其开口与 T 形钩对齐		
3.4　扳下固定旋钮		
（**注意**：拆下收发机时，施加合适的力在电子架上）		
3.5　小心地从电子架滑轨上拔出收发机		
（**注意**：电子架前端可以从右向左移开大概 1/8 英寸，方便拆卸电插头）		
3.6　确保电插头脱开		
3.7　插头和底座关上防尘盖		
3.8　视情况更换插头密封圈		
3.9　收发机置于合适的 ESDS 包装袋内，并贴上 ESDS 标识		
4　准备安装甚高频通信收发器（参考 PAGEBLOCK20-10-07/201）		
4.1　检查电子架滑轨橡皮塞是否在位		
（**注意**：对比标牌上的滑轨构型）		

续表

操作流程	工作者签署	检查签署
4.2 取下防尘盖		
4.3 清洁并确保滑轨密封圈和限位塞（调节用）不松动		
（注意：按需安装新的）		
4.4 确保电子架滑轨与收发机匹配		
（警示：不要弯曲插头和插座上的插钉，安装有损坏钉的计算机会损坏计算机、插座和系统部件）		
4.5 确保收发机插头和电子架底座插钉无弯曲或损伤，更换所有损伤部件		
5 安装甚高频通信收发器（参考 PAGEBLOCK20-10-07/201）		
5.1 正确佩戴防静电手腕带，并连接在机体结构接地点		
5.2 从 ESDS 包装袋中取出收发机，拆下防尘盖		
5.3 缓慢推进收发机，直到插头连接上		
（注意：收发机前端可以提起 1/8 英寸，方便安装电插头。安装施力合适，不要用大力）		
5.4 旋转固定夹至其开口与 T 形钩对齐		
5.5 上抬固定旋钮至 T 形钩，并旋转固定夹 180°		
5.6 拧紧固定旋钮		
5.7 左右移动收发机，确保装好		
6 取下警告牌，闭合相应跳开关		
6.1 P6-1 跳开关面板		
6.2 VHF-2		
6.3 P18-2 跳开关面板		
6.4 VHF-1		
6.5 VHF-3（如果安装）		

参考图：

图 12-6 拔出跳开关，挂警告牌

模块 12　飞行通信系统部、附件拆装

飞机 VHF 天线和 VHF 收发机
拆装实习工卡

图 12-7　VHF 收发机

（6）完工状态：

操作结束后的检查和场地恢复	工作签署	检查签署
1. 检查各个指定位置保险装置安装的状态，避免出现错装、漏装的现象		
2. 清点、检查工具的状态和数量，并将工具归还至指定位置		
3. 清点、检查剩余的耗材，并将其归还至指定位置		
4. 检查、清理工作场地，确保工作场地中没有遗留任何多余物		
5. 获得指导教师完工签署		*

相关扩展工作：

有条件的教员可以带领学生在拆装 VHF 收发机后对其进行功能测试。

注意：该测试如果操作不当有可能造成设备损坏和人员伤害。

建议该测试由教员执行，学生进行观摩熟悉（主要结合空调系统原理进行讲解）。

1　VHF 通信收发机安装测试

1.1　飞机供电（参考 PAGEBLOCK 24-22-00/201）

1.2　如果更换了 VHF-3 收发器，而 ACARS 控制 VHF-3 收发器，进行 ACARS 操作测试，对于构型 13，参考 PAGEBLOCK 23-27-00/501，对于构型 20，参考 PAGEBLOCK 23-27-00/501 或参考 PAGEBLOCK 23-27-01/501

1.3　按照以下步骤做 VHF 的自测试

1.3.1　接近电子舱中的 VHF 收发机

1.3.2　按压 VHF 收发机上的 SQL/LAMP TEST 电门，观察下列现象

1.3.3　在按压 SQL/LAMP TEST 电门后 VHF 收发机面板上的红色 CONTROL INPUT FAIL 灯和绿色 LRU PASS 灯点亮

1.3.4　按压 VHF 收发机上的 TEST 电门，观察下列现象

1.3.5　绿色的 LRU PASS 灯点亮 1～4 s

1.3.6　显示面板上的数值应不大于 2.0

工作任务 12-3　静电敏感设备拆装与防护
——M9 交通管制应答机组件拆装

工作编号：SXTA-06	工作名称：静电敏感设备拆装与防护——M9 交通管制应答机组件拆装	
实训课时：2 课时	工作日期：	实习工位：飞机施工工位

（1）系统了解：

通信系统在 TAT100 体系中章节号为_____。

（2）翻译如下通信系统的描述（节选自波音 737-500AMM 手册）：

A tune tone is generated while the HF antenna coupler tunes to a new frequency. The tune tone can be continuous or pulsed (determined by the coupler/transceiver configuration). Some couplers save previously tuned frequencies in memory. If a coupler is set to a frequency in memory, then the tune time can be very short and you may not hear the tune tone. If you hear the tune tone for more than 7 seconds (15 seconds maximum), then it is an indication of a tuning failure.

（3）工作前准备：

准备项目	准备工作	完成签署	检查签署
工具和设备	防静电手腕带（件号：BK486）、防静电工作台架、腕带测试仪（件号：BK498）、万用表（可选）、跳开关夹等，航空器维修基本技能教材、飞机维护手册		
劳保用品	ESDS 警告标识、ESDS 包装袋、ESDS 防尘盖、警告牌、手套		
注意事项	1. 现代飞机上的电子设备应用了大量集成电路，如各种计算机的运算电路、数据处理电路和储存电路，接收机中的放大电路、信号处理电路和各种控制电路等。这些电路大多是由半导体器件构成的，半导体器件有很多优点，但也很脆弱，稍有不慎就有可能因静电效应而使机件或设备受到破坏。		

续表

准备项目	准备工作	完成签署	检查签署
	2. 在对电子系统的维护过程中，会经常遇到电子仪表或电子设备损坏而需要进行更换的情况，如果静电防护措施不当，则会使新装的仪表或设备被静电损坏；对油箱的维护过程中，会经常遇到机务人员进入油箱进行检查或维修的情况，如果不注意静电的防护，则会造成爆炸等严重事故		
授权	获得指导教师工作授权（必检）		*

（4）操作：

操作流程	工作者签署	检查签署
1 准备工作		
1.1 检查、清点工具，确保工具设备处于可用状态		
1.2 确保飞机整机断电		
1.3 确保飞机正确接地		
1.4 拔出所拆计算机组件的相应跳开关，并安装跳开关夹，挂警告牌		
1.5 检查清理操作场地，确保无多余灰尘、油污		
2 测试防静电手腕带		
2.1 使用腕带测试仪进行测试 使用腕带测试仪进行测试，选择一个腕带测试仪，将防静电手腕带套上手腕；打开腕带测试仪电源开关，将防静电手腕带终端插头插入测试仪插座；用手按下按压测试金属板，查看设备正面面板指示灯。如果防静电手腕带测试通过，OK 绿灯点亮；如果防静电手腕带测试失败，NO OK 红灯点亮，所测试的腕带失效报废		
2.2 使用万用表进行测试 （1）将万用表调至 Ω 挡位，调整万用表的 Ω 挡位至合适的电阻范围，如果是数字万用表选择自动量程，如果是指针模拟表选择 10 kΩ 挡位 （2）将防静电手腕带的插头终端与万用表的黑表笔相连，用万用表的红表笔接触手腕带的金属扣一端，测得的电阻范围是 250 kΩ ~ 1.5 MΩ （3）将金属扣扣在防静电手腕带上，套上防静电手腕带并用食指和拇指捏住万用表的红表笔，测得的电阻小于 10 MΩ，可以认为防静电手腕带合格		
3 拆下 M9 交通管制应答机组件		
3.1 正确佩戴防静电手腕带，并连接在机体结构接地点		
3.2 不同形式安装锁钩，采取适当的方式脱开锁钩		

续表

操作流程	工作者签署	检查签署
3.3 小心地从安装架上取下计算机组件		
（提示 1：E/E 盒的正面可以从右向左移动（约 1/8 英寸），这将有助于断开 E/E 盒与电气连接）		
3.4 在 M9 交通管制应答机组件电气插头和电子架电气连接器上安装 ESDS 防尘覆盖		
（警告 1：确保不要接触插头或连接器里的插钉/插孔，静电放电可能导致内部电路板或电子元器件损伤！）		
3.5 小心地将 M9 交通管制应答机组件放在防静电工作台架上，并挂标签		
3.6 视情况使用软毛刷清洁 M9 交通管制应答机组件表面的灰尘等污染物		
3.7 用适当大小的 ESDS 包装袋包装 M9 交通管制应答机组件		
3.8 在包装袋外表贴 ESDS 警告标识		
4 安装 M9 交通管制应答机组件		
4.1 正确佩戴防静电手腕带，并连接在机体结构接地点		
4.2 取出 M9 交通管制应答机组件，确保 ESDS 包装袋完好无破损，检查挂签		
4.3 拆除 ESDS 包装袋，取下 ESDS 防尘堵盖，放置在指定位置		
4.4 检查 M9 交通管制应答机组件电气插头和安装架电气连接器无损伤、污染，插钉无弯曲、断裂		
（警告 1：确保不要接触插头或连接器里的插钉/插孔，静电放电可能导致内部电路板或电子元器件损伤！）		
4.5 小心地将 M9 交通管制应答机组件放在安装架上，小心移动安装架中的 E/E 盒，并连接电气插头		
（提示 1：E/E 盒的正面可以从右向左移动（约 1/8 英寸），这将有助于断开 E/E 盒与电气连接）		
4.6 根据附图采取适当的方式安装锁钩		

参考图：

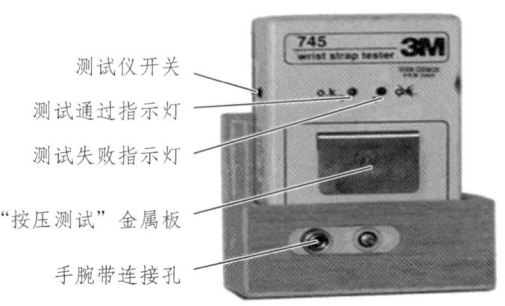

图 12-8　防静电手腕带测试仪

图 12-9　E/E 盒拆装

（5）完工状态：

工作结束后的检查和场地恢复	工作签署	检查签署
1. 检查确认 M9 交通管制应答机组件安装紧固到位，无松动		
2. 清理工作区域，并将工作区域恢复到正常状态		
3. 清点防静电手腕带、腕带测试仪、万用表、跳开关夹、警告牌等物品的数量，并且还至规定位置		
5. 获得指导教师完工签署		*

工作任务 12-4　雷达天线组件和跳开关拆装

工作编号：MEP-R/I-15	工作名称：雷达天线组件和跳开关拆装	
实训课时：2	工作日期：	工作地点：

（1）系统了解：

雷达系统在 TAT100 体系中章节号为_____。

（2）翻译如下大气系统的描述（节选自波音 737-500AMM 手册）：

The weather radar system is a navigation system which uses the reflective effect of microwave pulses on material substances to obtain a picture of conditions ahead of the airplane. Weather radar operation is based on the fact that water particles present in the air as rainfall (generally associated with storm cells) reflect a radar beam with intensity in proportional to the moisture concentration.

（3）在 AMM 手册中找到关于雷达系统密封性的章节号_____。

在 IPC 手册中找到关于雷达天线组件的章节号_____。

（4）工作前准备：

准备项目	准备工作	完成签署	检查签署
工具和设备	常用工具工具箱、LCR 表、力矩扳手		
劳保用品	手套、纸胶带、保险丝，抹布		
注意事项			
授权	获得指导教师工作授权（必检）		*

（5）操作：

操作流程	工作者签署	检查签署
1. 拆卸雷达天线组件		
（1）安装天线固定撑杆		
（2）脱开雷达波导管接头		
（3）脱开电插头		
（4）拆除天线组件下侧安装螺钉		*
（5）拆除天线组件上侧安装螺钉		*
注意：上述（4）、（5）步骤需由 2 人配合完成，确保天线不被损坏		*

续表

操作流程	工作者签署	检查签署
2. 安装雷达天线组件		
（1）安装天线组件上侧安装螺钉		
（2）安装天线组件下侧安装螺钉，并按 80 磅·英寸力矩要求紧固		
（3）连接电插头		
（4）连接雷达波导管，垫好密封圈		
（5）拆卸天线固定撑杆		
（6）检查雷达天线 2 个方向的偏转正常性		*
3. 拆卸指定位置地跳开关		
（1）确保指定跳开关所处面板相关系统电源关闭，并挂牌警示		
（2）拆卸该跳开关所处面板的固定螺钉		
（3）接近该跳开关连线处，并脱开连线		
（4）拆卸该跳开关		
（5）拆卸天线固定撑杆		
（6）测量跳开关的通断性 测量结果：_____		*

参考图：

图 12-10　雷达天线

图 12-11　雷达波导管接头

图 12-12　电插头

图 12-13　雷达跳开关位置

雷达天线组件和跳开关的拆装

（6）完工状态：

工作结束后的检查和场地恢复	工作签署	检查签署
1. 检查各个指定位置保险装置安装的状态，避免出现错装、漏装的现象		
2. 清点、检查工具的状态和数量，并将工具归还至指定位置		
3. 清点、检查剩余的耗材，并将其归还至指定位置		
4. 检查、清理工作场地，确保工作场地中没有遗留任何多余物		
5. 获得指导教师完工签署		*

工作任务 12-5　VHF 天线拆装和天线搭接电阻测量

工作编号：	工作名称：VHF 天线拆装和天线搭接电阻测量		
实训课时：2	工作日期：		工作地点：

（1）系统了解：
VHF 天线拆装在 ATA 100 中章节号为：_____。

（2）翻译如下甚高频天线系统的描述（节选自波音 737-500AMM 手册）：

The very high frequency (VHF) communication system provides short-range two-way voice and data communication in the frequency range of 118.000 through 135.975 MHz. The VHF communication system (referred to as the VHF system) receives VHF radio signals, processes them, and sends the resulting audio to audio integration. During transmission, microphone audio from audio integration is processed and transmitted by the VHF system.

（3）在 AMM 手册中找到关于拆装甚高频天线的章节号 _____。
在 IPC 手册中找到关于甚高频天线拆装的章节号 _____。

（4）工作前准备：

准备项目	准备工作	完成签署	检查签署
工具和设备	注胶枪（可选）、电子秤（可选）、搅拌胶用纸杯、气管、胶铲刀、延展板、密封胶整形工具、VHF 天线模具、ATC 天线模具、灭火瓶部件拆装常用工具箱、兆欧表等		
劳保用品	支装胶/灌装胶（可选）、护目镜、木棒、胶纸、注胶嘴（可选）、清洁剂、医用手套、一次性口罩、毛巾等		
授权	获得指导教师工作授权（必检）		*

（5）操作：

操作流程	工作者签署	检查签署
1　密封前准备工作		
检查设备和工具，领取并检查 VHF 天线模具、ATC 天线模具		
2　查询手册		
查询 B737-76J B-6109 飞机 VHF 天线的相关信息		

续表

操作流程	工作者签署	检查签署
2.1 拆装程序：_____ 拆卸的工卡号：_____ 安装的工卡号：_____ 件号：_____		
3　检查并去除原有 VHF 天线结构结合处密封胶		
4　拆卸 VHF-2 天线		
4.1　找到 VHF-2 天线的跳开关，并进行相应的挂牌操作		
4.2　拆卸天线底座固定螺钉并脱开与机身的连接 （注意：拆卸最后 2 颗固定螺钉时需要对天线进行保护，以免突然脱落损坏天线）		
4.3　将电缆从天线上拆卸		
4.4　检查天线底座的封严圈是否完好，并小心保护		
5　利用选择的测试设备，测量天线信号线对天线壳体的绝缘电阻 绝缘电阻：_____		
6　安装天线，紧固安装螺钉		
7　表面预处理		
8　粘贴胶纸，遮蔽非封胶区域		
9　调制密封胶		
10　施涂密封胶		
11　密封胶整形，修整出密封胶的最终形状		
12　完成密封后检查		
13　结束工作，将各个工作区恢复到正常状态		

参考图：

图 12-14　VHF 跳开关

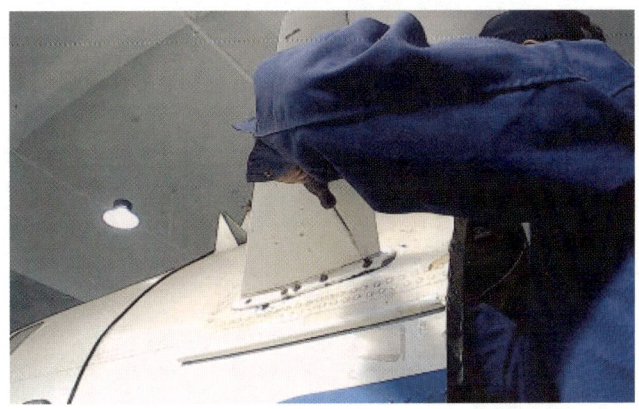

图 12-15　拆下 VHF 天线

图 12-16 做好封堵

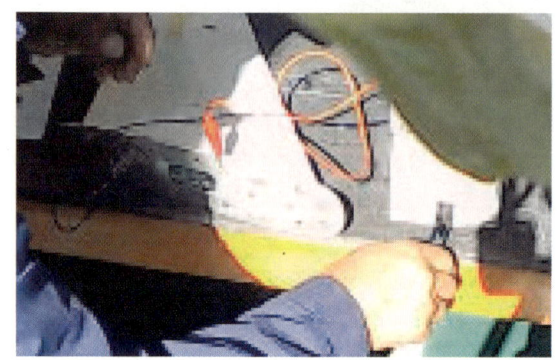

图 12-17 测量天线绝缘电阻

VHF 天线拆装和天线搭接电阻测量

(6) 完工状态:

工作结束后的检查和场地恢复	工作签署	检查签署
1. 检查各个指定位置保险装置安装的状态,避免出现错装、漏装的现象		
2. 清点、检查工具的状态和数量,并将工具归还至指定位置		
3. 清点、检查剩余的耗材,并将其归还至指定位置		
4. 检查、清理工作场地,确保工作场地中没有遗留任何多余物		
5. 获得指导教师完工签署		*

工作任务 12-6　机翼后缘放电刷的检查和测量

工作编号：	工作名称：机翼后缘放电刷的检查和测量	
实训课时：2	工作日期：	工作地点：

（1）系统了解：

机翼后缘放电刷在 ATA 100 中章节号为_____。

（2）翻译如下静电放电刷的描述（节选自波音 737-500AMM 手册）：

A. Static dischargers are installed on the airplane to reduce radio receiver interference. Corona Discharge, from precipitation static and engine charging, is emitted from the airplane and causes the radio interference.

B. The precipitation static is the result of an electric charge accumulated by the airplane striking charged air and moisture particles. Static usually discharges at the wing and tail extremities and is coupled into the radio receiver antennas. The static dischargers are designed to discharge the static at points which are a critical distance away from the wing and tail extremities where there is little or no coupling into the radio receiver antennas.

C. Each discharger that is installed along the trailing edge of the wing and the tail surfaces consists of a carbon fiber tip at the end of a slender rod. The rod incorporates a resistive (conducting) material and is attached to a metal base. The base is fastened and bonded to the trailing edge surface.

D. Wing tip dischargers are smaller than wing and tail dischargers but have the same general construction and are attached in the same way.

E. The vertical fin and each wing has a tip discharger and three trailing edge dischargers. Each horizontal stabilizer has a tip discharger and two trailing edge dischargers.

（3）在 AMM 手册中找到关于静电放电刷测量的章节号_____。
在 IPC 手册中找到关于静电发电刷检查和测量的章节号_____。

（4）工作前准备：

准备项目	准备工作	完成签署	检查签署
工具和设备	部件拆装常用工具箱		
劳保用品	清洁剂、纸胶带、保险丝		
授权	获得指导教师工作授权（必检）		*

（5）操作：

施工步骤	工作者签署	检查签署
1　清洁检查放电刷		
1.1　检查要点：_____（手册上检查要点）		
1.2　检查结果：_____		
2　放电刷电阻测量		
2.1　用兆欧表测量放电刷尖端和基座之间的电阻 电阻：_____		
2.2　用毫欧表测量放电刷基座和飞机表面之间的电阻 电阻：_____		
3　电源接触器拆装		
3.1　按顺序拆除给定电源接触器		
3.2　检查电源接触器有无异常		
3.3　测量接触器电感值 电感值：_____		
3.4　测量线圈导通性及绝缘性 导通性：_____　绝缘阻值：_____		
3.5　按顺序安装电源接触器		
3.6　检查连接固定情况		
3.7　成对连接汇流条螺栓并磅紧力矩，查出力矩值换算后磅力矩 力矩值：_____		
4　结束工作：清点工具、整理清洁现场		

参考图：

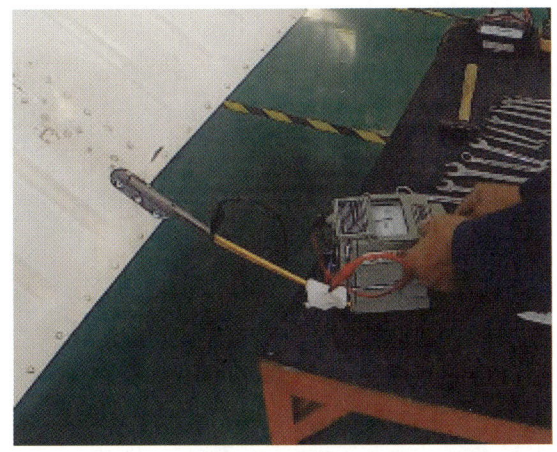

图 12-18　测量放电刷尖端到基座的电阻

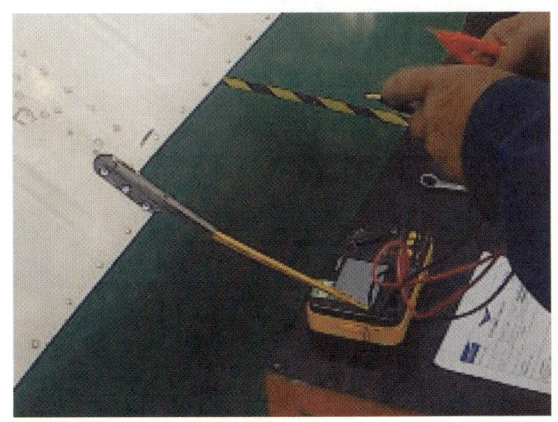

图 12-19　测量放电刷基座到飞机的电阻

机翼后缘放电刷的检查和测量

（6）完工状态：

工作结束后的检查和场地恢复	工作签署	检查签署
1. 检查各个指定位置保险装置安装的状态，避免出现错装、漏装的现象		
2. 清点、检查工具的状态和数量，并将工具归还至指定位置		
3. 清点、检查剩余的耗材，并将其归还至指定位置		
4. 检查、清理工作场地，确保工作场地中没有遗留任何多余物		
5. 获得指导教师完工签署		*

课后提升

静电释放（Static Discharging）

飞机像一个法拉第笼，应该放电。这个放电器没有接口（不接入电路），避免静电放电噪声，从而确保无线电传输的良好质量。

目的：释放飞机在飞行期间累积的静电，使得 HF 和 VHF 系统通信有更好的可理解性（避免静电放电噪声）。

定位：静电放电器的布置是用来放射静电的，它们分布在飞机的各个末端。

安装：如果飞机被雷击，静电放电器的第一个元件会被破坏，它是容易更换的。

根据放电器的位置，飞机上装了两种类型：在后缘的，直立安装；在尖端的，30°角安装。

两种类型的固定器：后缘的是平的；尖端的是有角度的。

这两种类型不可互换。

模块 13　辅助动力装置部、附件拆装

模块 13　辅助动力装置部、附件拆装

教学目标

【知识目标】

1. 学生能够了解飞机辅助动力装置系统的工作原理；
2. 学生掌握飞机 APU 部附件的作用；
3. 学生能够说出进行辅助动力装置系统部、附件拆装的操作要点和注意事项。

【技能目标】

1. 学生能够合理规范使用工具进行拆装工作；
2. 学生能够规范进行飞机辅助动力装置系统部、附件拆装流程。

【素养目标】

1. 学生要具备精益求精、严谨专注、耐心坚持、专业敬业的民航工匠精神；
2. 具备严谨、专业、诚信的维修作风；
3. 学生能够做到"三个敬畏"（敬畏生命、敬畏规章、敬畏职责）、"四个意识"（规章意识、风险意识、举手意识、纪律意识）、"五个到位"（准备到位、施工到位、测试到位、收尾到位、交接到位）；
4. 学生能够正确实施"工具三清点"，任务实施过程中不出现丢失工具的情况；
5. 学生能按照工卡步骤施工，不出现工卡步骤遗漏的情况，具备"九字方针"（看一条、做一条、签一条）意识，诚信记录，按要求签署工卡；
6. 具备安全意识，不做出可能造成航空器/设备损坏、人员受伤的行为。

任务导入

根据纪录片《空中浩劫第十一季》第 11 集的记录，1988 年 5 月 24 日，一架中美洲航空的波音 737-3T0（机尾编号 N75356，序列号 23838）准备在即将到达的新奥尔良市莫尔臣机场降落。下降到 35 000 英尺（约 11 000 m）时，机师发现在路径中有一片中度雷雨，在气象雷达中有一片绿色和黄色的地区，还有一些"孤立的红点"，即在两边原定的航路上也有强雷雨。飞机在进入云层 30 000 英尺（约 9 100 m）时，机组人员通过设定"持续引燃"和打开引擎除冰来防止引擎因强雷雨的影响而结冰，而令引擎熄火，从而失去所有动力。尽管在雷达上显示的两片强雷雨带之间飞行，飞机还是遇上了大雨、乱流和冰雹。在下降至 5 000 m 时，所有仪器停止运作，只有警报在响，引擎停转。飞机在没有引擎的推力和电力下滑翔。飞机以 1 000 m/min 的速度下降，随后机师起动了 APU 系统。在离地面 5 000 英尺时，左侧引擎重新起动，随后另一台引擎也重新起动，但均处于危险的热起动状态下，机长推油门杆引擎却没有反应。紧接着仪表显示引擎过热，机师只好关闭引擎，避免灾难性情况的发生。不久机长宣布进入紧急情况，机组决定水上迫降。在离着陆还有 1 min 时，副驾驶卢佩斯发现了一条与飞机准备迫降的运河平行的防洪堤，最后飞机安全地降落在新奥尔良东部米角区的美国国家航空航天局米角装配基地的一条宽草堤上。

辅助动力装置为飞机提供备用气源和电源，对于整机飞行安全十分重要，因此我们有必要掌握辅助动力装置系统部、附件拆装方法。

知识准备

一、APU 概述

1. APU 的作用

辅助动力装置（Auxiliary Power Unit，APU），其核心部分是一台小型的燃气涡轮发动机。APU 安装在飞机机身的尾部，为飞机和发动机提供气源和电源。APU 主要在地面提供气源和电源，在空中提供备用气源和电源。现在双发动机的飞机要求 APU 在一定的飞行高度也可以提供正常的气源和电源。在地面发动机未起动时，APU 提供的气源和电源可以保证客舱和驾驶舱内的照明和空调，以提供一个舒适的客舱环境。用 APU 起动主发动机时，可以不依靠地面的气源车和电源车。现代的大、中型客机上，APU 是保证发动机空中关车后再起动的主要设备，直接影响飞机的飞行安全。

2. APU 的部件和安装

APU 在飞机机体后部，尾锥连到机身结构，作为 APU 的支撑和整流罩。APU 及其部件包容在设备舱、APU 舱和消音器舱内。APU 的部件（如进气作动器、灭火瓶、燃油供油管和引气导管）位于设备舱。APU 本体位于 APU 舱，APU 舱内的防火墙用于防止高温火焰对机身的影响。APU 的排气管、排气消音器、热屏蔽和密封环位于消音器舱，排气消音器用于降低排气噪声，热屏蔽保护周围的区域和设备，抵御排气引起的热辐射。APU 的排气有两种不同类型，一种是使用排气消音器密封环阻止任何排气漏进 APU 舱，密封环也防止空气进入 APU 舱引起着火；另一种形式是空气冷却系统，由两个管道组成，排气由排气管排出的同时，起到引射作用，周围的空气被引射进入排气消音器和热屏蔽之间的环形通道，起到冷却消音器舱的作用。

后机身底部的 APU 检查门，用于接近 APU 进行勤务和维护工作。通常大飞机有一个双开的大检查门，如空客 A380 飞机，小飞机有一个单开的检查门。打开检查门上的所有锁扣后，APU 检查门由于自身重力打开并很容易推到全开位，安装在检查门内侧的撑杆可以将检查门固定在最大打开位，连接到机身铰链上的快卸销用于迅速拆装检查门。

APU 安装杆连接到 APU 舱内结构的安装点上，APU 连接到安装杆的三个安装节上，其中左后安装节是固定的，右后和前安装节是浮动的（允许热膨胀下的有限移动）。所有安装节可以从 APU 传递垂直载荷到飞机结构，左后和右后两个安装节可以从 APU 传递轴向载荷到飞机结构，左后安装节可以从 APU 传递横向载荷到飞机结构。

APU 需要大修时，需要将 APU 从飞机上拆下。一般拆卸步骤如下：首先将起吊设备连接到 APU 舱顶部和侧墙支架上，然后把起吊设备的钢缆固定到 APU 上，从飞机上断开所有 APU 接头，松开锥形螺栓螺母，将 APU 慢慢放到地面的 APU 台架上。另一种将 APU 从飞机上拆下的方法是使用液压升降车、一个转换器和一个维护平台。将维护平台连接到液压升降车上，再将转换器连接到维护平台上，升起液压升降车，将转换器与 APU 连接起来，从飞机上断开所有 APU 接头，松开锥形螺栓螺母，降下液压升降车，即完成了将 APU 从飞机上拆下的工作。

二、APU 的起动和关断

1. APU 的起动

任何类型的 APU 起动程序都是相似的，以 B737 飞机 APU 的起动为例进行介绍。在起动 APU 之前，必须按照起动检查表来进行安全检查。电瓶电门扳到 ON 位。当将 APU 电门拨到 START（起动）位置，保持 2 s 后释放，开关将自动返回 ON 位。这将给 APU 控制组件发送一个信号。APU 控制组件打开 APU 燃油关断活门和 APU 进气门。APU 控制组件还使滑油压力低灯点亮。当进气门完全打开时，位置电门闭合，发送一个门已完全打开的信号给 APU 控制组件。大约在 7% 转速时，点火并供应燃油；大约在 34% 转速时，低滑油压力警告灯灭；大约 60% 转速时，点火装置断电；大约 70% 转速时，APU 起动机断开；大约在 95% 转速时，为 APU 正常运行的所有控制和保护电路都已经准备就绪，APU 可以提供气源和电源。APU 控制组件控制 APU 的起动顺序，以上转速值是典型的切换点，不同型号的 APU 会稍有不同。

2. APU 的恒速控制

在 APU 达到 100% 转速后，APU 控制组件控制 APU 在排气温度不超限的前提下保持转速恒定。为达到恒速控制的目的，APU 控制组件比较设定转速和来自转速传感器的实际转速信号，然后改变力矩马达的信号，来改变计量燃油。在 APU 正常运行期间，APU 引气负载、电负载、空气进气温度和空气进气压力的变化都会使 APU 的转速发生变化。引气负载和电负载的增加，都有使 APU 转速减小的趋势，APU 控制组件会增加计量燃油来保持转速恒定，但相应的排气温度将增加。空气进气温度过高将使排气温度超限，空气进气压力的变化将改变空气密度，因此，APU 控制组件需要根据空气进气温度和空气进气压力的信号来控制和优化计量燃油。

3. APU 的关断

APU 有三种不同的关车方式：正常关车、自动关车和人工紧急关车。

（1）正常关车是指当 APU 工作结束后，维修人员将 APU 的引气开关置于 OFF 位，在驾驶舱按下空客飞机上的 APU 主电门或将波音飞机上的 APU 电门置于 OFF 位。如果维修人员直接关断 APU，则 APU 控制组件控制关断引气和电气负载，继续运转一段时间后关断燃油供应，APU 在正常冷却后关车。正常冷却所需要的时间由 ECU 控制，在 0~120 s。

（2）保护性关车包括自动关车和人工紧急关车。自动关车是指当 APU 工作时，主要工作参数超限或者重要部件故障，APU 控制组件控制 APU 不经冷却而立即关车。触发自动关车的主要运行极限包括 APU 排气温度过高、APU 转速超速、滑油压力过低、滑油温度过高、压气机喘振等。当 APU 自动关车后，维修人员应在驾驶舱按下空客飞机上的 APU 主电门或将波音飞机上的 APU 电门置于 OFF 位，查找 APU 自动关车的原因。当 APU 着火时，维修人员或 APU 控制组件控制 APU 紧急关车。维修人员在驾驶舱或在地面操作紧急关车开关，APU 不经冷却立即关车。

三、典型 APU 的常见维护及安全注意事项

在 APU 起动过程中应注意以下几点：

（1）维护人员不要进入 APU 进气排气区域，以免发生危险。这些区域包括 APU 进气口周围、APU 尾喷口后方、APU 空气滑油冷却器气流出口。

（2）不要在机库内起动 APU，密闭空间内的高温有害燃气可能对人员造成伤害。

（3）打开 APU 舱门进行试车，可能会导致 APU 灭火瓶中的灭火剂不足以扑灭可能发生的火灾。

（4）在飞机加放油过程中，不要起动 APU，否则可能造成人员设备伤害。

（5）另外，APU 的起动机连续起动有时间和次数限制，通常要求连续起动不超过三次，连续第三次起动后再次起动需间隔 1 h。短时间内多次连续起动 APU 可能导致起动机过热失效。

（6）起动 APU 前，应参考相关机型维护手册做好安全预防措施，以避免对人员和设备造成伤害。

安全管理

飞机维修实训时须注意以下安全管理事项：

（1）遵守工作规程和操作规范。在开始工作前，要认真阅读和理解工作规程以及操作规范，并在操作期间严格遵守。

（2）确认设备和工具完好无损。在开始维修工作之前，应检查工具和设备是否完好无损，并确保所有设备和工具的使用是安全的。

（3）确保现场安全。在工作过程中要保证现场的安全，如要确保维修区域没有易燃易爆物品和其他危险物品，维修区域应清洁整齐，至少应有 2 个人在现场进行密切监视。

（4）确认人员资质和权利。参与维修工作的人员应有相关技能的资质，并且在进行工作前应进行适当的培训，并配备必备证件和授权书。

（5）符合安全操作要求。在操作过程中，应注意安全操作要求，如应顺时针旋转螺丝，不应用力过猛，应正确使用工具等。

（6）记录工作细节。在维修过程中要记录维修的细节，如操作步骤，使用的工具和设备，维护的时间和日期等。如果有问题或异常情况发生，应及时记录并通知上级。

（7）严格遵守相关法律法规。在进行飞机维修实训时，要严格遵守相关的法律法规，确保维修过程中不违反安全、环境和劳动法规。

（8）遵守标准化操作程序。在进行飞机维修实训时，应该制定标准化操作程序，保证飞机维修过程符合安全标准，确保所有动作正确、顺序合理，遵循标准程序操作，所有操作流程应简单易懂，并包含关键步骤，由专业人员进行审核并确认后再实施。

（9）确保维修区域的良好通风。飞机维修过程中会产生许多有害气体和粉尘，因此要确保维修区域的良好通风，同时确保员工穿戴防护装备。

（10）保持维修设备的良好状态。修理、保养和测试设备必须维护得足够好，以确保其符合最高的准确性、可靠性和安全性要求，所有设备必须在使用前进行检查，并定期进行维修保养，所有故障设备应尽早报修。

（11）提高人员安全意识。员工必须时刻保持专业警惕、谨慎，服从规定和程序，提高安全意识，互相监督，并在工作中通过自我约束、相互约束来减少事故发生的可能性。

以上安全管理注意事项可以帮助学生提高飞机维修实训的安全性，并减少事故的发生。

工作任务 13-1　APU 燃调拆装检查

工作编号：	工作名称：APU 燃调拆装检查	
实训课时：	工作日期：	工作地点：

（1）系统了解：

APU 系统在 TAT100 体系中章节号为_____。

（2）翻译如下燃油控制系统的描述（节选自波音 737-500AMM 手册）：

The fuel control unit supplies the pressurized fuel to the combustion chamber. The fuel control unit has a fuel pump, low-pressure fuel filter, acceleration limiter valve, flyweight governor, bypass valve and, two relief valves. The fuel control unit also has the fuel inlet ports, fuel outlet port, seal drain line, and control air connection. The fuel control unit is installed on the gearbox. The gear train in the gearbox turns the fuel control unit at approximately 10% of the APU engine speed.

（3）在 AMM 手册中找到关于拆装 APU 燃调的章节号_____。

在 IPC 手册中找到关于 APU 燃调的章节号_____。

（4）工作前准备：

准备项目	准备工作	完成签署	检查签署
工具和设备	常用拆装工具箱、三用表、力矩扳手		
劳保用品	手套、垫片、密封圈、保险丝		
注意事项	要使用双扳手拆装管螺帽		
授权	获得指导教师工作授权（必检）		*

（5）操作：

操作流程	工作者签署	检查签署
（1）拆开下列连接管路并及时封堵： ① 低压燃油管；② 高压燃油管；③ 控制空气管；④ 燃油回油管		
（注意：要使用双扳手拆装管螺帽）		
（2）剪去燃油电磁阀电插头保险，脱开电插头并封堵、标记好		
（3）拆下燃调的四个固定螺帽，取下燃调		

续表

操作流程	工作者签署	检查签署
（4）从齿轮箱上拔出燃调传动轴		
（5）清洗检查燃调： ① 传动轴应无损伤、裂纹，轴键应无毛刺； ② 各导管接头及喇叭口应无划伤、磨损； ③ 燃调各调节螺钉，应固定并保险正常		
（6）检测电磁阀电感线圈： ① 电感量：___② 电阻值：_____ ③ 绝缘值：		
（7）装回燃调并用螺帽固定，拧紧力矩 20 磅·英寸（2.3 N·m）		*
（8）连接所拆管路并拧紧打好保险		
（9）检查电磁阀插钉、插孔的良好性		
（10）连接燃油电磁阀插头并打好保险		*

APU 燃调拆装检查

（6）完工状态：

工作结束后的检查和场地恢复	工作签署	检查签署
1. 检查各个指定位置保险装置安装的状态，避免出现错装、漏装的现象		
2. 清点、检查工具的状态和数量，并将工具归还至指定位置		
3. 清点、检查剩余的耗材，并将其归还至指定位置		
4. 检查、清理工作场地，确保工作场地中没有遗留任何多余物		
5. 获得指导教师完工签署		*

工作任务 13-2　B737-500 飞机磁电机拆装

工作编号：SXTA-44	工作名称：B737-500 飞机磁电机拆装		
实训课时：2 课时	工作日期：		实习工位：飞机施工工位

（1）系统了解：

发动机系统在 TAT100 体系中章节号为＿＿＿＿＿＿＿＿＿＿＿＿＿＿＿＿＿＿＿＿＿。

（2）翻译如下发动机系统的描述（节选自波音 737-500AMM 手册）：

This LSK causes the ENGINE X BITE TEST MAIN MENU to show. Also, the ENGINE X LSK automatically applies power to the EEC and causes the EEC to initialize. The CDU can show INITIALIZING EEC X and EEC SORTING FAULT HISTORY for a short time, just before the ENGINE X BITE TEST MAIN MENU shows.

（3）选择 B737-500 型飞机的适当手册，查出飞机磁电机拆装程序的章节号。

章节号：＿＿＿＿＿＿＿＿＿＿＿＿＿＿＿＿＿＿＿＿＿＿＿＿＿＿＿＿＿＿＿＿＿＿。

选择 B737-500 型飞机的适当手册，查出飞机磁电机的件号。

件号：＿＿＿＿＿＿＿＿＿＿＿＿＿＿＿＿＿＿＿＿＿＿＿＿＿＿＿＿＿＿＿＿＿＿＿。

（4）工作前准备：

准备项目	准备工作	完成签署	检查签署
工具和设备	常用公制工具箱、常用英制工具箱、内六角套件		
劳保用品	抹布、发动机滑油、纸胶带、标记红漆		
注意事项	1. 磁电机有较高的电压，做好安全防护； 2. 取下磁电机过程中，注意保护		
授权	获得指导教师工作授权（必检）		*

（5）操作：

操作流程	工作者签署	检查签署
1　拆除磁电机		
1.1　拆除发动机整流罩（参考 71-10-01）		
1.2　拆除点火线束（参考 74-20-01）		
1.3　标记并且断开磁电机末端和地线		
1.4　保持住磁电机，拆下螺帽、弹簧垫片和卡子，取下弹簧垫片（备注：如果安装，保持搭地带）		

续表

操作流程	工作者签署	检查签署
1.5　清洁磁电机后部并拆除		
1.6　拆掉密封，对磁电机进行状态检查 检查结果：＿＿＿＿＿＿＿＿＿＿		*
2　安装磁电机		
2.1　记录指示在发动机数据铭牌上的 spark advance 数值		
（**警示**：发动机准备好磁电机安装，不要转动螺旋桨）		
2.2　放置磁电机在工作台上		*
2.3　拆除插头		
2.4　缓慢旋转驱动轴在磁电机的正常旋转方向，直到标记在齿轮上的齿在凹槽的中间，通过上部缝隙，检查 K 标记与磁电机标记对齐		
3　用发动机滑油润滑密封圈		
3.1　安装密封圈和磁电机，用卡子固定磁电机，安装弹簧垫片和螺帽，用手拧紧螺帽		
3.2　确保 K 标记还是对齐的		
3.3　连接左右电插头，连接地线到发动机接地，打开 Timing Unit 组件，缓慢转动磁电机确保指示灯点亮，再从另外方向转动磁电机，灯灭。缓慢转动磁电机反方向，保证指示灯亮		
4　拧紧螺帽		
4.1　旋转螺旋桨在正常旋转方向，是筒 1 在全出的点火位置		
4.2　安装插头（3）在磁电机上		
4.3　连接磁电机末端和接地线		
5　安装点火线束（参考 74-20-01）		
5.1　确保所有工具和材料工作区域被清除		
5.2　安装发动机整流罩（参考 71-10-01）		
5.3　检查所有安装的状况是否正常		

（6）完工状态：

工作结束后的检查和场地恢复	工作签署	检查签署
1. 检查各个指定位置保险装置安装的状态，避免出现错装、漏装的现象		
2. 清点、检查工具的状态和数量，并将工具归还至指定位置		
3. 清点、检查剩余的耗材，并将其归还至指定位置		
4. 检查、清理工作场地，确保工作场地中没有遗留任何多余物		
5. 获得指导教师完工签署		*

工作任务 13-3　APU 滑油滤拆装检查

工作编号：	工作名称：APU 滑油滤拆装检查	
实训课时：	工作日期：	工作地点：

（1）系统了解：
APU 系统在 TAT100 体系中章节号为＿＿＿＿＿＿＿＿＿＿＿＿＿＿＿＿＿＿＿＿。

（2）翻译如下空调温控系统的描述（节选自波音 737-500AMM 手册）：

A. The APU engine is lubricated by the APU lubrication system. The APU lubrication system keeps oil on all gears and bearings of the APU engine. Also, the oil decreases the temperature of the APU engine parts.

B. The components of the APU lubrication system are the oil pump, oil cooler, and oil tank.

C. To fill the APU oil tank, oil can be added through the oil filler port on the APU oil tank.

（3）在 AMM 手册中找到关于拆装 APU 滑油滤的章节号＿＿＿＿＿＿＿＿＿＿＿＿＿＿＿。
在 IPC 手册中找到关于 APU 滑油滤的章节号＿＿＿＿＿＿＿＿＿＿＿＿＿＿＿＿＿＿。

（4）工作前准备：

准备项目	准备工作	完成签署	检查签署
工具和设备	拆装工具箱		
劳保用品	手套、手电		
注意事项			
授权	获得指导教师工作授权（必检）		*

（5）操作：

操作流程	工作者签署	检查签署
1. 拆下 APU 滑油滤		
（1）去除油滤长螺栓上的保险		
（2）拆下油滤长螺栓并取下油滤		
（3）拆下带槽螺母上的保险卡圈并卸下带槽螺母		
（4）分解滑油滤组件，清洗、检查滑油滤组件是否有破损；清洗检查后并吹干（可口述清洗过程）		*

续表

操作流程	工作者签署	检查签署
2. 装回滑油滤原件		
（1）装上带槽螺母		
（2）装上保险卡圈		
（3）安装回滑油滤并打好保险		*

参考图：

图 13-1　拆下油滤螺丝保险　　　　图 13-2　拆下长螺丝

APU 滑油滤拆装检查

（6）完工状态：

工作结束后的检查和场地恢复	工作签署	检查签署
1. 检查各个指定位置保险装置安装的状态，避免出现错装、漏装的现象		
2. 清点、检查工具的状态和数量，并将工具归还至指定位置		
3. 清点、检查剩余的耗材，并将其归还至指定位置		
4. 检查、清理工作场地，确保工作场地中没有遗留任何多余物		
5. 获得指导教师完工签署		*

工作任务 13-4　涡桨 5 发动机热电偶拆装检查与测量

工作编号：	工作名称：涡桨 5 发动机热电偶拆装检查与测量	
实训课时：2	工作日期：	工作地点：

（1）系统了解：

发动机热电偶在 ATA 100 中章节号为_____。

（2）翻译如下刹车防滑系统的描述（节选自波音 737-500AMM 手册）：

The exhaust gas temperature (EGT) indicating system provides a visual indication in the flight compartment of the total exhaust temperature monitored in the low pressure turbine inlet of each engine. EGT is measured by either 6 or 9 thermocouple probes installed in stage 2 LPT nozzle assembly. The signals transmitted by these probes are routed through rigid thermocouple harnesses, and one or three extension leads (6 probes EGT system or 9 probes EGT system) which make up the EGT thermocouple harness assembly and then to EGT trim box, if installed.

（3）在 AMM 手册中找到关于拆装发动机热电偶的章节号_____。

在 IPC 手册中找到关于发动机热电偶拆装的章节号_____。

（4）工作前准备：

准备项目	准备工作	完成签署	检查签署
工具和设备	部件拆装常用工具箱		
劳保用品	清洁剂、纸胶带、保险丝		
授权	获得指导教师工作授权（必检）		*

（5）操作：

施工步骤	工作者签署	检查签署
1　分解		
1.1　把发动机尾喷口外环两个紧固环的保险去掉		
1.2　拧松丝杆取下两个紧固环，拆下两个外护环		
1.3　对所有热电偶的固定与导线连接状况进行目视检查		
1.4　将给定的热电偶的四个接线桩拧松，取下导线并做标记		
1.5　取下热电偶两个紧固螺帽的保险		
1.6　拧松紧固螺帽，取出热电偶		

续表

施工步骤	工作者签署	检查签署
2　检查、测量		
2.1　检查热电偶外部状况		
2.2　分别对 A、B 两组热电偶进行阻值测量，对比两组间的阻值；A 的电阻值：＿＿＿＿＿＿；B 的电阻值：＿＿＿＿＿＿		
3　安装		
3.1　装回热电偶，紧固，并打保险		
3.2　装好四个接桩上导线		
3.3　扣好两个环形护罩		
3.4　带好两个紧固环，分别紧固两个松紧螺杆		
3.5　打好两个紧固螺杆的保险		
4　结束工作：清点工具、整理清洁现场		

参考图：

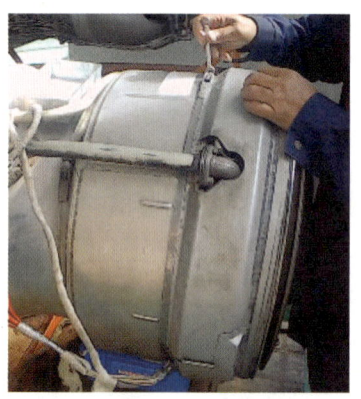

图 13-3　拆下尾喷管保险

图 13-4　拧松螺丝

图 13-5　拆下紧固环

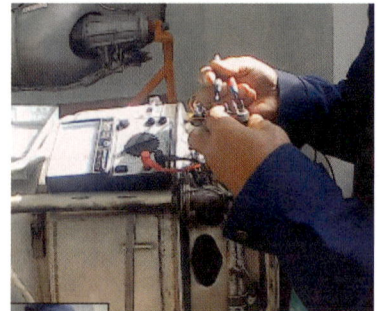

图 13-6　测量电阻

涡桨 5 发动机热电偶拆装检查、测量

(6)完工状态：

工作结束后的检查和场地恢复	工作签署	检查签署
1. 检查各个指定位置保险装置安装的状态，避免出现错装、漏装的现象		
2. 清点、检查工具的状态和数量，并将工具归还至指定位置		
3. 清点、检查剩余的耗材，并将其归还至指定位置		
4. 检查、清理工作场地，确保工作场地中没有遗留任何多余物		
5. 获得指导教师完工签署		*

课后提升

APU 关闭后,进气门并不是全关的,而是留有一道小缝隙,这是为什么呢?

进气门不是完全关闭的,这是为了防止关断的 APU 在飞行中转动。如果 APU 的进气口和排气口存在压差,则空气将流动。如果气流量足够大,APU 将在飞行中转动或"风转"。因此,需要消除该压差。当进气门关闭时,飞行中 APU 后部(排气口)的压力会高于进气口的压力,导致反方向上的压差。所以,APU 入口门需略微打开,以抵消飞行期间 APU 进气和排气口上的压差,防止"风转"。

模块 14　起动和点火系统部、附件拆装

模块 14　起动和点火系统部、附件拆装

教学目标

【知识目标】

1. 学生能够了解起动系统的和点火系统的工作原理；
2. 学生能够掌握飞机起动程序。
3. 学生能够说出起动和点火系统部、附件拆装的操作要点和注意事项。

【技能目标】

1. 学生能够合理规范使用工具进行拆装工作；
2. 学生能够规范进行起动和点火系统部、附件拆装流程。

【素养目标】

1. 学生要具备精益求精、严谨专注、耐心坚持、专业敬业的民航工匠精神；
2. 具备严谨、专业、诚信的维修作风；
3. 学生能够做到"三个敬畏"（敬畏生命、敬畏规章、敬畏职责）、"四个意识"（规章意识、风险意识、举手意识、纪律意识）、"五个到位"（准备到位、施工到位、测试到位、收尾到位、交接到位）；
4. 学生能够正确实施"工具三清点"，任务实施过程中不出现丢失工具的情况；
5. 学生能按照工卡步骤施工，不出现工卡步骤遗漏的情况，具备"九字方针"（看一条、做一条、签一条）意识，诚信记录，按要求签署工卡；
6. 具备安全意识，不做出可能造成航空器/设备损坏、人员受伤的行为。

任务导入

据 2012 年 11 月统计数据显示，天津基地执管的波音 737NG 机队因发动机点火系统故障导致的航班不正常量激增至 4 架次。通过对其中 2 起故障的分析，确认故障原因都是发动机点火导线与激励器连接处烧蚀。波音 737NG 飞机发动机点火系统由发动机点火电门、点火选择电门、发动机起动手柄电门组件、EEC、左右点火激励器、左右点火线和左右点火电嘴组成。对波音 737NG 飞机发动机点火系统故障及排故数据进行梳理后确认，该系统的高频更换部件是点火电嘴和点火导线，其次是点火激励器。因此，下发工作指令，对点火导线输入端和点火激励器高压输出端进行项普查，以收集数据、评估并拟定后续控制措施。

飞机的起动和点火系统对飞机系统的重要性不言而喻，对于整个飞机系统来说都是至关重要的系统部件，因此我们有必要掌握起动和点火系统部、附件的拆装工作。

知识准备

起动系统的主要功用是以外部动力设备（起动机）带动发动机转子从静止状态加速，使进入燃烧室的气流达到一定流量；帮助点火后的发动机迅速加速到自加速状态。点火系统的主要功用是产生火花，点燃混合气。燃气涡轮发动机装备有起动系统和点火系统，这两套系

统是相互协调工作的,确保发动机顺利起动。

一、起动系统

典型发动机的起动系统主要由以下部件组成:起动机、起动电门或起动手柄、起动操纵及控制装置等。

1. 常见起动方法

发动机的起动程序基本相同,但实施的方法可以是各式各样的。根据飞机和发动机的不同要求,起动机的种类和功率来源也不同。起动机必须产生高扭矩并传递给发动机转子,以提供一种平缓的方式从静止状态加速转子,供应足够的空气到燃烧室和燃油混合燃烧,直到涡轮能提供足够的功率取代起动机的功率才脱开。

2. 起动程序

发动机从静止状态到慢车转速的过程称为起动。根据起动过程中带转发动机转子加速的动力来源不同,起动过程可分为三个阶段。

(1)从起动机工作到燃烧室点火喷油:起动电门接通,驱动力来自起动机,由起动机单独带动发动机转子加速。发动机转子的转速变化为:从 0 到点火转速 n_1。当处于点火转速时,停车/起动手柄移动到起动位,系统点火,供油燃烧,涡轮开始输出功率。

(2)从燃烧室点燃到起动机脱开:

驱动力来自起动机和涡轮转子,起动机和涡轮转子共同带动发动机转子加速。发动机转子的转速变化为:从点火转速 n_1 到脱开转速 n_3。自维持转速 n_2:涡轮转子力矩等于发动机阻力力矩时的转速。

(3)从起动机脱开自行加速到慢车转速

驱动力来自涡轮转子,由涡轮转子单独带动发动机转子加速。发动机转子的转速变化为:从脱开转速 n_3 到慢车转速。这一阶段,起动机和点火电嘴都停止工作。慢车转速:发动机能稳定工作的最低转速。

二、点火系统

燃气涡轮发动机的点火系统,在发动机起动过程中,只工作很短一段时间。点火系统除了在地面起动、空中再起动时工作外,在起飞、着陆及恶劣天气时也要工作,而且当探测到压气机喘振时,为防止熄火,能自动提供高能高值的能量到两个点火电嘴。

点火系统的组成:燃气涡轮发动机的点火系统是双套的,由电源、点火激励器、高能导线、点火电嘴及相应的冷却系统组成。

1. 点火激励器

点火激励器分为高能和低能两种,点火能量以焦耳(J)计算,设计中可以按实际需要选择。高能点火激励器输出能量较高(如12J),它能够保证发动机获得满意的再点火能力。然而,在某些飞行条件下,譬如结冰或在大雨和雪中条件下起飞,需要点火系统连续工作,以预防发动机燃烧室熄火,这时选择低能(如 3~6 J)点火激励器较为有利,因为它可以延长点火电嘴和点火激励器的寿命。因此，为了适应发动机所有工作条件，有的发动机上的点火激励器使用高能、低能组合方式。点火激励器的输入电源有直流电和交流电两种。

2. 点火导线

高能点火导线用于携带断续的高压输出从点火激励器到相应的点火电嘴。一个绝缘芯装在软金属屏蔽内，终止在每端的弹簧作用的触点。端接头通常包括自锁连接螺帽。有些点火导线从初始端到末端都采用同样的结构，而有些点火导线设计时被分为两段：一段位于温度较低的区域，被称为冷段；另一段则位于环境温度相对较高的区域，被称为热段。冷段和热段分别有不同的结构。为延长点火导线的寿命并提高点火可靠性，热段点火导线周围通有冷却空气，用于冷却。某些发动机点火导线的冷却空气从低压压气机出口引出，然后沿着导线内的流道流向点火电嘴，最终从点火导线与点火电嘴连接处流出，从而对点火电嘴也进行了冷却。

3. 点火电嘴

点火电嘴有两种基本类型：即收缩或约束空气间隙式以及分路表面放电式。分路表面放电式点火电嘴有一个绝缘的端头，它由半导体雷管构成，允许自中央的高压电极向壳体漏电，使得雷管表面电离，为储存在电容器中的电能提供一条低电阻通路。放电采取从电极到壳体高电压跳火的形式。收缩或约束空气间隙式点火电嘴，其火花要击穿电极和壳体之间间隙处的空气，所需的电压高，高的电压要求整个线路具有非常好的绝缘。为了降低点火电嘴头部的温度，有的电嘴采用冷却空气冷却，以增加使用寿命。

三、典型发动机起动点火系统的常见维护及安全注意事项

1. 系统维护安全注意事项

1）起动系统维护的注意事项

在对起动系统维护时必须严格按照飞机维护手册相关程序来进行。在起动活门上下游没有足够气压差的情况下禁止强行操控，以避免损坏活门。在安装起动机时，要注意起动机内部的润滑。对于与发动机采用同一润滑系统的起动机，初次安装后需在起动发动机之前向起动机加一定量的滑油，以保证起动发动机时起动机具有良好的润滑。在使用起动机对发动机进行多次冷转时需注意起动机的使用限制，同时还需注意啮合起动机允许的最大发动机转速。

2）点火系统维护的注意事项

由于发动机点火系统具有较高的电压，为保证安全，对点火系统的维护需在发动机停车一定时间之后才能进行。

在安装点火导线前，应检查导线是否有擦伤，陶瓷绝缘衬套是否有裂纹或其他损伤，同时需检查导线上的硅胶封严，避免水气进入触点导致短路。为了让电火导线与点火电嘴可靠接触，可采用专门的工具对二者的接触部位进行打磨。在安装点火电嘴时，必须严格按照安装程序来进行，在安装螺纹上需涂抹一定量的防咬剂，避免下次拆卸困难。需要注意的是，与点火导线相连接的螺纹上不能涂抹。在有些发动机上安装完后还要求检查点火电嘴的安装深度，这对于保证可靠点火以及点火电嘴的寿命都是非常重要的。点火电嘴需定期检查，有些厂家还建议定期更换点火电嘴。

2. 发动机起动的注意事项

（1）起动发动机前，必须确保地面危险区域无人员和设备，以防止发动机工作时对人员造成伤害和对设备造成损坏。飞机的机型不同，但发动机起动前的检查基本是一致的。

（2）发动机的外部检查是飞机飞行前检查项目的一部分，有关发动机的检查内容有：发动机进气道有无异物，风扇叶片有无裂纹，发动机有无任何渗油痕迹，发动机喷管内有无异物，发动机前方区域是否清洁等。

（3）驾驶舱的准备：机长和副驾驶按照规定完成驾驶舱的准备项目，完成飞机各系统的测试及状态设置，完成好飞机的导航、通信参数设置，机组在收到塔台离场许可后，完成发动机起动前项目，检查气源压力，打开飞机防撞灯电门，最后完成发动机起动前检查单的内容。

安全管理

飞机维修实训时须注意以下安全管理事项。

（1）遵守工作规程和操作规范。在开始工作前，要认真阅读和理解工作规程以及操作规范，并在操作期间严格遵守。

（2）确认设备和工具完好无损。在开始维修工作之前，应检查工具和设备是否完好无损，并确保所有设备和工具的使用是安全的。

（3）确保现场安全。在工作过程中要保证现场的安全，如要确保维修区域没有易燃易爆物品和其他危险物品，维修区域应清洁整齐，至少应有2个人在现场进行密切监视。

（4）确认人员资质和权利。参与维修工作的人员应有相关技能的资质，并且在进行工作前应进行适当的培训，并配备必备证件和授权书。

（5）符合安全操作要求。在操作过程中，应注意安全操作要求，如应顺时针旋转螺丝，不应用力过猛，应正确使用工具等。

（6）记录工作细节。在维修过程中要记录维修的细节，如操作步骤，使用的工具和设备，维护的时间和日期等。如果有问题或异常情况发生，应及时记录并通知上级。

（7）严格遵守相关法律法规。在进行飞机维修实训时，要严格遵守相关的法律法规，确保维修过程中不违反安全、环境和劳动法规。

（8）遵守标准化操作程序。在进行飞机维修实训时，应该制定标准化操作程序，保证飞机维修过程符合安全标准，确保所有动作正确、顺序合理，遵循标准程序操作，所有操作流程应简单易懂，并包含关键步骤，由专业人员进行审核并确认后再实施。

（9）确保维修区域的良好通风。飞机维修过程中会产生许多有害气体和粉尘，因此要确保维修区域的良好通风，同时确保员工穿戴防护装备。

（10）保持维修设备的良好状态。修理、保养和测试设备必须维护得足够好，以确保其符合最高的准确性、可靠性和安全性要求，所有设备必须在使用前进行检查，并定期进行维修保养，所有故障设备应尽早报修。

（11）提高人员安全意识。员工必须时刻保持专业警惕、谨慎，服从规定和程序，提高安全意识，互相监督，并在工作中通过自我约束、相互约束来减少事故发生的可能性。

以上安全管理注意事项可以帮助学生提高飞机维修实训的安全性，并减少事故的发生。

工作任务 14-1　油气分离器拆装

工作编号：MEP-R/I-15	工作名称：油气分离器拆装	
实训课时：2	工作日期：	工作地点：

（1）系统了解：

点火系统在 TAT100 体系中章节号为_____。

（2）翻译如下点火系统的描述（节选自波音 737-500AMM 手册）：

The fuel distribution system supplies filtered, pressurized fuel to the fuel nozzles in the combustion section. The system consists of an engine driven fuel pump, fuel filter, servo fuel heater, fuel/oil heat exchanger, fuel plumbing, fuel manifold and fuel nozzles

（3）在 AMM 手册中找到关于油气分离器拆装组件拆装的章节号_____。

在 IPC 手册中找到关于油气分离器组件的章节号_____。

（4）工作前准备：

准备项目	准备工作	完成签署	检查签署
工具和设备	常用拆装工具箱、力矩扳手		
劳保用品	胶带、抹布		
注意事项	1. 防止油污泄漏； 2. 注意拆装顺序； 3. 备有灭火瓶； 4. 螺栓螺纹滑丝或有损伤时需更换		
授权	获得指导教师工作授权（必检）		*

（5）操作：

操作流程	工作者签署	检查签署
油气分离器拆装：		
（1）拆除油气分离器两侧的通气管		
（2）拆下油气分离器安装座螺帽、弹簧垫片、平垫片		

续表

操作流程	工作者签署	检查签署
（3）拆下2个电插头		
（4）取下油气分离器		
（5）取下油气分离口，困难时，使用木榔头敲击、拨动		
（6）取下油气分离器石棉垫，并更换新垫子		*
（7）检查调速器安装结合面有无划伤，更换垫子		
（8）检查螺栓，检查螺纹连接件，确保螺纹部分无划伤、无滑丝		
（9）检查外表的固定情况，结合面有无异常，固定孔有无磨损及掉漆等		*
（10）更换石棉垫、油气分离器，安装到位		
（11）安装平垫片、弹簧垫片、螺帽		
（12）使用力矩扳手拧紧螺栓至20磅·英寸（2.3 N·m）		
（13）安装油气分离器两侧的通气管		
（14）目视检查油气分离器安装固定情况		*
（15）目视检查油气分离器两侧的管路安装情况		*

参考图：

图14-1　油气分离器位置

图 14-2　油气分离器连接螺丝

图 14-3　油气分离器连接法兰

（6）完工状态：

工作结束后的检查和场地恢复	工作签署	检查签署
1. 检查各个指定位置保险装置安装的状态，避免出现错装、漏装的现象		
2. 清点、检查工具的状态和数量，并将工具归还至指定位置		
3. 清点、检查剩余的耗材，并将其归还至指定位置		
4. 检查、清理工作场地，确保工作场地中没有遗留任何多余物		
5. 获得指导教师完工签署		*

工作任务 14-2　B737-500 飞机 1 号发动机点火激励器拆装

工作编号：SXPA-48	工作名称：B737-500 飞机 1 号发动机点火激励器拆装	
实训课时：2	工作日期：	工作地点：

（1）系统了解：

发动机点火激励器拆装在 ATA100 体系中章节号为＿＿＿＿＿＿＿＿＿＿＿＿＿＿＿。

（2）翻译如下标准施工的描述（节选自波音 737-500AMM 手册）：

1. General

A. The ignition power supply consists of two independent ignition exciters (Figure 1). The exciters provide starting and continuous duty ignition on demand. Each exciter is capable of independent operation and alternate use of ignition circuits is recommended. Selection is made by an engine igniter selector switch in the cockpit.

（3）在 AMM 手册中找到关于点火激励器拆装的章节号＿＿＿＿＿＿＿＿＿＿＿＿＿＿＿。

在 IPC 手册中找到关于点火激励器拆装组件的件号＿＿＿＿＿＿＿＿＿＿＿＿＿＿＿。

（4）工作前准备：

准备项目	准备工作	完成签署	检查签署
工具和设备	警告牌、插头钳、插头保护盖、磅表、通用工具箱		
劳保用品	高温防咬剂（SAE AMS 2518）		
注意事项	1. 点火电压很高，这使得它很危险，会对人造成伤害，在触摸激励器之前确保点火系统关闭 5 min 2. 按照正确顺序拆装高压和低压导线		
授权	获得指导教师工作授权（必检）		*

（5）操作：

操作流程	工作者签署	检查签署
1　准备拆卸点火激励器		
1.1　对于左（上）激励器，拔出跳开关并挂警告牌		
1.1.1　P6 负载控制中心		
1.1.2　左点火激励器　L IGN		
1.2　对于右（下）激励器，拔出跳开关并挂警告牌		

续表

操作流程	工作者签署	检查签署
1.2.1　P6 负载控制中心		
1.2.2　右点火激励器 R IGN		
1.3　打开相应发动机右侧风扇整流罩（参考 TASK 71-11-02-012-001-C00）		
2　拆卸点火激励器		
（**警告**：点火电压很高，这使得它很危险，会对人造成伤害，在触摸激励器之前确保点火系统关闭 5 min）		
2.1　按下列步骤从点火激励器释放高压		
2.1.1　将起动电梯门设置到 OFF 位置		
2.1.2　至少要等 5 min，才可继续进行下一步		
（**警示**：在拆装电插头前确保电插头干净。污染的电插头会对设备造成损坏）		
2.2　按以下步骤拆除激励器		
2.2.1　断开激励器低压端插头		
2.2.2　断开激励器低压端电缆		
2.2.3　断开激励器高压端插头		
2.2.4　在拆下的插头上安装防尘帽		
2.2.5　用扳手的开口端夹住固定在支架和激励器之间的螺柱凸台		
2.2.6　拆卸激励器底座四个螺母和垫圈		
2.3　从螺柱上拆下激励器		
（**注意**：搭铁线必须留在风扇机匣上）		
3　安装点火激励器		
3.1　在安装支架 4 个螺柱螺纹和压力接合面上轻涂一层高温防咬剂		
3.2　按以下步骤安装激励器		
3.2.1　将激励器安装在支架螺柱上		
3.2.2　用扳手的开口端夹住固定在支架和激励器之间的螺柱凸台		
3.2.2.1　安装激励器底座四个螺母和垫圈		
3.2.2.2　对于上部激励器，搭铁线到左上角的螺柱上		
3.2.2.3　对于下部激励器，搭铁线到左下角的螺柱上		
（**注意**：确保搭铁线在垫圈和激励器之间）		
3.2.2.4　拧紧螺母至 55~70 磅·英寸（6~8 N·m）;		
（**警示**：在拆装电插头前确保电插头干净。污染的电插头会对设备造成损坏）		
3.2.3　连接激励器高压端导线		
3.2.3.1　拧紧插头螺母到 140~160 磅·英寸（16~18 N·m）		
3.2.4　连接激励器低压端导线		
3.2.4.1　用手指拧紧插头螺帽		

续表

操作流程	工作者签署	检查签署
4　恢复飞机		
4.1　对于左（上）激励器，取下警告牌并闭合跳开关		
4.1.1　P6 负载控制中心		
4.1.2　左点火激励器 L IGN		
4.2　对于右（下）激励器，取下警告牌并闭合跳开关		
4.2.1　P6 负载控制中心		
4.2.2　右点火激励器 R IGN		
4.3　关闭相应发动机右侧风扇整流罩（参考 TASK 71-11-02-412-006-C00）		
5　点火激励器安装试验		
5.1　计算机模拟试车（参考 TASK 74-00-00-755-010-C00）		
5.2　检查点火激励器外观，工作是否正常		

（6）完工状态：

工作结束后的检查和场地恢复	工作签署	检查签署
1. 检查各个指定位置保险装置安装的状态，避免出现错装、漏装的现象		
2. 清点、检查工具的状态和数量，并将工具归还至指定位置		
3. 清点、检查剩余的耗材，并将其归还至指定位置		
4. 检查、清理工作场地，确保工作场地中没有遗留任何多余物		
5. 获得指导教师完工签署		*

工作任务 14-3　点火线圈的拆装

工作编号：MEP-R/I-15	工作名称：点火线圈的拆装	
实训课时：2	工作日期：	工作地点：

（1）系统了解：

点火系统在 TAT100 体系中章节号为＿＿＿＿＿＿＿＿＿＿＿＿＿＿＿＿＿＿＿＿＿。

（2）翻译如下点火系统的描述（节选自波音 737-500AMM 手册）：

The purpose of the system is to produce an electrical spark to ignite the fuel and air mixture in the engine combustion chamber during the start cycle and to provide continuous ignition during takeoff, landing and operation in adverse weather conditions.

（3）在 AMM 手册中找到关于点火线圈的拆装的章节号＿＿＿＿＿＿＿＿＿＿＿＿＿＿＿＿。

在 IPC 手册中找到关于点火线圈的章节号＿＿＿＿＿＿＿＿＿＿＿＿＿＿＿＿＿＿＿＿。

（4）工作前准备：

准备项目	准备工作	完成签署	检查签署
工具和设备	常用拆装工具箱、万用表、力矩扳手		
劳保用品	手套、垫片、密封圈、保险丝		
注意事项			
授权	获得指导教师工作授权（必检）		*

（5）操作：

操作流程	工作者签署	检查签署
1. 拆下点火线圈		
（1）拆卸电缆插头		
（2）拆除电缆插头上的保险		
（3）拆下点火线圈的电缆插头，先拆下输入端，5 min 后再拆下输出端		
（4）拆下点火线圈固定螺栓、螺帽、平垫片、弹簧垫片		
（5）取下点火线圈组件		
（6）检查螺栓螺纹连接件，确保螺纹部分无划伤、无滑丝（**注意**：若有上述情形发生，需更换螺栓）		*
（7）目视检查点火线圈的电缆插钉、插孔，确定完好无损		
（8）目视检查点火线圈外表情况		

续表

操作流程	工作者签署	检查签署
（9）测量点火线圈的电感值，电感值：_____		*
2. 安装点火线圈		
（1）放置点火线圈组件到安装位		
（2）安装点火线圈的螺栓螺帽、平垫片、弹簧垫片		
（3）安装点火线圈的电缆插头		
（4）对电缆插头进行保险		
（5）目视检查点火线圈安装固定情况		*
（6）目视检查电缆插头的安装情况		*

参考图：

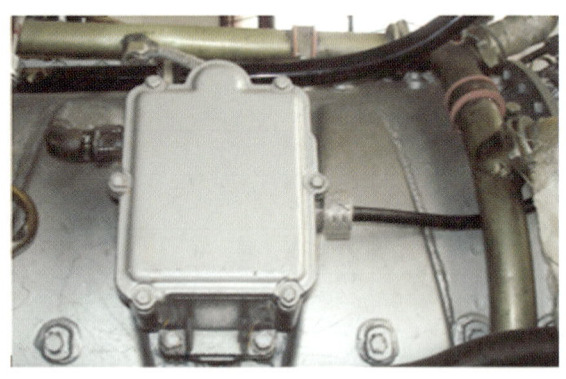

图 14-4　点火线圈电缆

图 14-5　点火线圈安装螺丝（一）

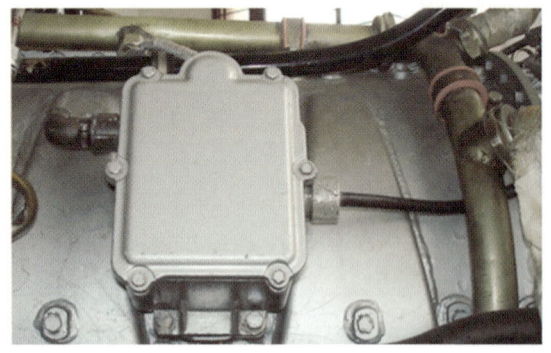

图 14-6　点火线圈安装螺丝（二）

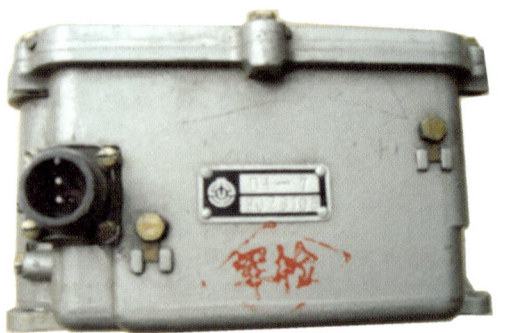

图 14-7　点火线圈电缆插钉

点火线圈的拆装

（6）完工状态：

工作结束后的检查和场地恢复	工作签署	检查签署
1. 检查各个指定位置保险装置安装的状态，避免出现错装、漏装的现象		
2. 清点、检查工具的状态和数量，并将工具归还至指定位置		
3. 清点、检查剩余的耗材，并将其归还至指定位置		
4. 检查、清理工作场地，确保工作场地中没有遗留任何多余物		
5. 获得指导教师完工签署		*

课后提升

起动常见故障

发动机起动过程中要密切注意不能正常点火、热起动或起动超温、起动转速悬挂、起动机不能自动脱开以及发动机的参数摆动、喘振、振动过大等故障。其中不能正常点火、起动过热与起动转速悬挂是最为常见的故障。

（1）不能正常点火：是在向发动机燃烧室供给燃油后，油气混合气没有被正常点燃，直接表现为发动机排气温度或者转速指示不增加，表明发动机未点燃，应该终止起动。而某些发动机则通过冷转排出燃烧室的残留燃油后，可接通该发动机的点火电门，检查点火电嘴的点火情况，如果点火正常，可再次起动。否则，应该排除点火故障后再起动。

（2）热起动：在起动过程中，发动机排气温度 EGT 上升较快，有超温的趋势。起动超温：在起动过程中，EGT 上升很快，而且超过了规定的最大允许限制值。这时应立即停车，检查故障原因并排故。热起动和起动超温一般是由于油气比过富而造成的。燃油调节器故障、结冰或压气机前部有障碍物都可能造成油气比不正常。

（3）起动转速悬挂：是起动过程中转速停滞在某一较低转速而不能进一步加速到慢车转速。起动悬挂分为冷悬挂和冷悬挂。大气温度较低时，密度较高，发动机空气流量增大，压气机消耗功率也较大，同时大气温度低会使滑油变稠，摩擦力矩也随之增大。在起动机功率不变的条件下，起动过程第一、二阶段的剩余功率将会减少，起动的可靠程度变差，有时会出现在起动过程的某个转速下，剩余功率等于零而停止加速从而造成"冷悬挂"。大气温度过高或在高原机场的情况下，空气密度低，发动机空气质量流量较小，起动过程中容易形成混合气富油，涡轮前温度较高，可能引起压气机进入气动不稳定状态，结果出现涡轮前温度高而转速停止增加，该现象则被称为"热悬挂"。

参考文献

[1] 黄方道. 飞机维修工程基本技能指导[M]. 北京：中国民航出版社，2012.
[2] 符双学，刘艺涛. 飞机维护技术基础[M]. 西安：西北工业大学出版社，2018.
[3] 郑东良. 航空维修理论[M]. 北京：国防工业出版社，2007.
[4] 李向新，邓岚. 飞机机械维修技能基础[M]. 北京：北京理工大学出版社，2021.
[5] 虞浩清,姜泽锋.飞机结构图纸识读与常用维修手册使用[M]. 2版. 北京:清华大学出版社，2013.
[6] 刘晓山，郑立胜. 飞机修理新技术[M]. 北京：国防工业出版社，2003.
[7] 赵迎春，胡华航. 空维修技术英语[M]. 北京：中国水利水电出版社，2022.
[8] 臧和发. 航空电子装备维修技能[M]. 北京：北京航空航天大学出版社，2014.
[9] 李幼兰. 空气动力学和维护技术基础（ME、AV）[M]. 2版. 北京：清华大学出版社，2016.
[10] 王洲伟，韩斐，谢岩甫. 飞机维护基础[M]. 北京：国防工业出版社，2021.